Travel **S**chedule

여행 일정

MEMO

끄적 끄적

GO Happy Tour

스위스

SWITZERLAND

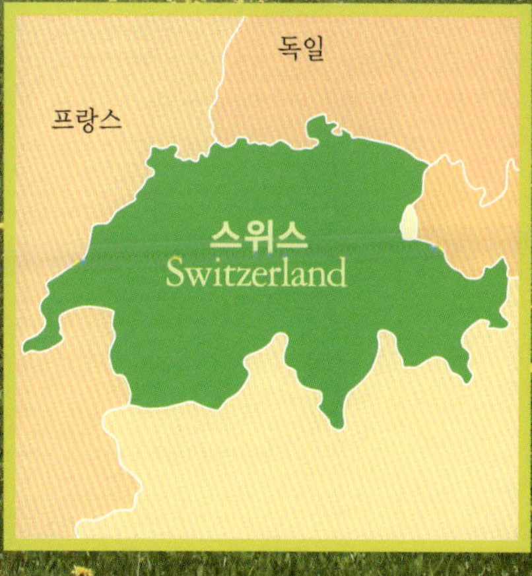

혜지원

이 책을 보는 방법
How to Use This Book

이 책은 크게 기차 여행과 지역별 소개, 여행 정보 세 부분으로 나뉘어져 있습니다. 기차 여행에서는 파노라마 열차(빙하 특급, 베르니나 특급, 윌리엄 텔 특급, 골든 패스), 등산 철도(융프라우 철도, 고르너그라트 철도, 브린즈, 로트호른 철도, 필라투스 철도)를 소개했습니다. 또 지역별 소개 부분에서는 스위스를 독일어권(취리히, 체르마트, 쿠어, 루체른, 베른, 마이언펠트, 사스페), 프랑스어권(샤또 데, 제네바, 몽트뢰), 로망스어권(스쿠올, 생 모리츠), 이탈리아어권(루가노, 벨린조나, 로카르노, 아스코나)으로 나누어 소개하였고 각 지역의 교통 정보와 지도를 수록하였으며 명소, 쇼핑, 식당, 숙소 등을 나누어 소개하여 여행자가 자유롭게 일정을 계획하기에 편리합니다.

여행 정보 부분에서는 스위스의 비자, 비행기, 여행 문의 및 교통 등의 정보를 소개하여 여행 시 필요한 사항을 만족시킵니다.

여행 중에 필요한 정보를 쉽게 찾을 수 있도록 관광 명소, 상점, 식당, 숙소의 전화번호, 팩스, 주소, 홈페이지, 개점시간, 휴업시간, 교통 등을 포함한 기본 정보를 수록하였고, 글씨를 확대하여 여행 중에도 편하게 읽을 수 있을 뿐만 아니라 알아보기 쉬운 범례로 표시하였습니다.

지도페이지 & 좌표	팩스	홈페이지
교통	영업시간	@ E-mail
주소	휴업일	
전화	가격	

이 책에 표기된 가격은 스위스 프랑(CHF)을 기준으로 하였습니다. 1CHF는 한화 약 1,020.13원입니다. 책 속에 수록된 자료(교통, 비용, 개점시간, 주소, 전화 등)는 각각 2008년 5월 이전에 수집된 자료를 기준으로 하였으며, 비용 부분은 특별히 변동되기 쉬우니 참고하시기 바랍니다.

주머니에 쏙! 가벼운 발걸음! Happy Tour 스위스

⊙가볍고 편안한 크기, 두껍고 무거운 여행서는 BYE BYE!
크기 10×21cm, 무게 200g, 편안하고 부담이 없어 주머니든 가방이든 어디에도 OK!!

⊙만족스러운 정보들이 ALL IN ONE!
알짜 정보만 모아서 꼭 가보아야 할 관광 명소, 맛보아야 할 음식, 쇼핑 장소에 대한 정보를 모두 수록하였습니다.

⊙효율적인 구성으로 언제 어디서든 쉽게 찾아 사용한다!
각 지역을 장과 절로 나누고 지도를 수록하여 필요한 정보를 쉽게 찾을 수 있습니다.

⊙관광 명소 + 식당 + 쇼핑 + 숙소, 나도 이제 여행전문가!
책에 수록된 곳을 스스로 선택하여 자신이 원하는 완벽한 여행계획(2박 3일, 4박 5일)을 짤 수 있습니다.

⊙여행 필수 품목 No.1!
참신하고 예쁜 디자인, 한손에 쏙 들어가는 사이즈, 비닐 표지로 싸여있어 어디든지 들고 다닐 수 있습니다.

지역 명칭

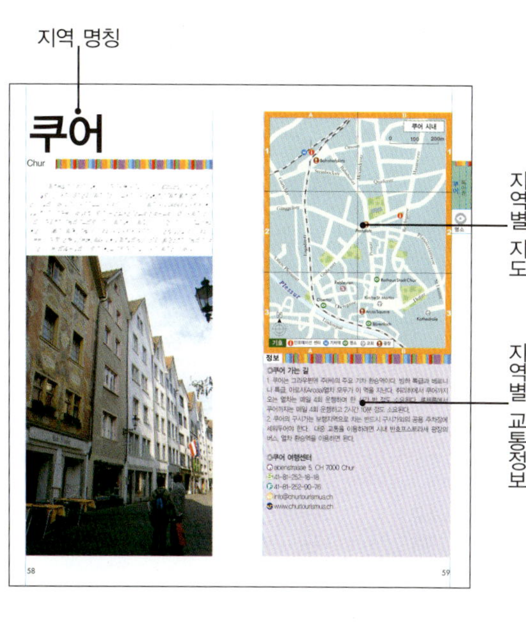

지역별 지도

지역별 교통정보

명소(한국어 & 영어)

명소 소개

지역 색인 & 단원(명소·쇼핑·식당·숙박 등)

지도 좌표 & 페이지

명소 소개

프랑스어권

172 여행 회화 Travel Conversation

파노노라마 열차

Scenic Trains

아름다운 알프스 산맥 곳곳을 지나는 파노라마 열차(Scenic Trains)는 스위스 여행에 있어서 매우 인기 있는 교통수단이다. 짙푸른 언덕과 침엽수림 계곡, 협곡을 잇는 웅장한 아치형 다리, 눈으로 뒤덮인 은백색 고원과 호수, 탁 트인 평원의 마을, 종려나무가 가득한 열대의 경치를 360도 천장까지 투명 처리한 열차 창문을 통해 모두 한 눈에 볼 수 있다.

빙하 특급
Glacier Express

스위스 최고 파노라마 열차는 바로 빙하 특급(Glacier Express)이다. 폭포와 빙하, 협곡, 고원을 지나는 노선은 그 변화무쌍함이 상상을 초월한다. 열차에는 식당차 설비가 잘 갖추어져 있어 맛있는 음식을 즐기며 창밖의 아름다운 풍경을 감상할 수 있다.

◎**빙하 특급**
🏠Bahnhofstrasse 25, CH-7000 Chur
☎41-81-288-61-00
💲일등실 CHF215, 이등실 CHF129
@contact@rhb.ch

🌐www.rhb.ch

⚠1. 스위스 패스(Swiss Pass)를 소지한 여행자는 빙하 특급 이용 시 전 구간 추가 요금 없이 승차 가능. 유레일 패스(Eurailpass) 또는 유로 패스(Europass)를 소지한 여행자는 빙하 특급 이용 시 Disentis–Davos/St. Moritz 구간은 추가 요금이 없고, Zermatt–Disentis구간은 추가 요금이 있다.

2. 탑승 전 예약 필수, 현지의 주요 기차역이나 기차표를 판매하는 여행사에서 예약 가능하다. 10인 이상 단체 인터넷 예매 가능.

3. 식당 칸 이용 사전 예약 필수. 10인 이상 단체 인터넷 예약 시, 식당 칸 좌석 예약이 가능, 개인은 SSG와 연락하여 예약 가능하다.

91개 터널,
291개 다리

빙하 특급은 Rhätische Bahn Railway(RhB), Furka Oberalp Railway(FO)와 Brig-Visp-Zermatt Railway(BVZ), 이 세 개의 민영 철도 회사가 분담, 운영하고 있다. 총 길이 300km의 노선은 대략 7시간 반 정도 소요되며 모두 91개의 터널과 291개의 다리를 지난다. 노선 중 가장 낮은 지대는 해발 604m의 라이헤나우(Reichenau)이고 가장 높은 지대는 해발 2,033m의 오버랄프 고개 (Oberalp Pass)이다.

산뜻한 붉은 색을 띠는 빙하 특급은 짙푸른 산과 들판, 은백색 빙하와 대조를 이루며 알프스 산에 선명한 색을 더한다. 열차 천장까지 이어지는 초대형 관람 창을 열면 탁 트인 시야 가득 자연을 만끽할 수 있다. 날씨가 좋으면 고개를 내밀어 자연과 만날 수도 있다.

빙하 특급은 식당 칸을 구비하고 있어, 여행객들은 쾌적한 식당 칸에서 향긋한 커피를 마시며 아름다운 경치를 감상할 수 있다. 음료가 지형의 경사도와 열차의 흔들거림에

영향 받지 않도록 특별 제작된 빗 날형 컵은 그 디자인이 매우 귀엽고 독특하다. 세 가지 요리의 정식 세트와 단품 요리 중 하나를 골라서 점심식사를 하자. 식사를 하며 즐기는 풍경은 그 풍미를 더한다.

생 모리츠-쿠어-디젠티스

열차가 생 모리츠를 출발하면, 하류와 협곡들이 눈에 한가득 들어온다. 베르니나 고개(Bernina Pass)를 지날 때는 베르니나 산봉우리들을 감상할 수도 있다. 오르막길인 이 구간은 어퍼엥가딘(Upper Engadine)지역에 속해있으며 알프스에서 해발 고도가 가장 높은 터널인 알부라 터널(Albula Tunnel)을 지난다. 터널은 해발 1,820m에 위치하고 길이는 5km이다.

알부라 터널을 지나면 로망스어권에서 독일어권으로 들어가게 된다. 이전의 지역과는 언어와 문화가 다를 뿐만 아니라 기후 또한 다르다. 어퍼엥가딘이 따뜻하고 화창했다면 이곳은 춥고 안개가 많이 끼어있다.

또 이곳은 도나우 강과 라인 강의 분류점이다. 동쪽으로 흐르는 하류는 도나우 강이 되어 흑해로 가고, 북쪽으로 흐르는 하류는 라인 강이 되어 북해로 흘러간다.

열차는 경사가 급한 해발 1,788m의 프레다(Preda)와 1,372m의 베르군(Bergun) 사이를 지나는데 지형의 기복이 상당히 커서 올라가는가 싶으면 또 금세 내려간다. 충분히 검증된 철도 건설 기술은 이 가파른 지형과 완벽한 결합을 이루고 있다.

베르군을 지나면 철로는 두 갈래로 나뉜다. 지선(支線)은 유럽에서 제일 높은 도시이자 이름난 휴양지인 다보스(Davos)로 향한다. 다보스는 고급 호텔이 많고, 스키장과 하이킹 코스가 잘 갖춰져 있어서 관광객들이 많이 찾는 곳이다.

철로의 간선(幹線)은 계속해서 쿠어 방향으로 나아간다. 이 때 열차는 이미 그라우뷘덴(Graubünden) 계곡의 중앙을 지나고 있을 것이다. 로마제국 시기부터 북 알프스의 중심지였던 쿠어(Chur)는 유럽 중세,

800m의 긴 방설벽을 지날 때, 그 옆으로는 아름다운 오버랄프 호수가 보인다.

오버랄프 고개를 지난 후 쭉 이어지는 가파른 스키장을 지나면, 17세기의 향이 물씬 풍기는 안데르마트에 도착한다.

안데르마트에서 브리그까지의 구간에는 무수히 많은 빙하와 협곡이 있다. 그 중 곰스(Goms)의 에기스호른(Eggishorn) 산맥은 그야말로 장관이며 이곳에서는 끝없이 넓은 알레치(Aletsch) 빙하도 볼 수 있다. 빙하를 지나고 열차가 론(Rhone) 곡지로 들어가면 이미 멀리 브리그가 보이기 시작한다.

브리그는 론 곡지에서 제일 먼저 세워진 도시이다. 스위스 최대의 노천 온천으로 유명한 휴양지로, 이탈리아와 프랑스의 중간에 있다. 사방이 산으로 둘러싸여 있어 흡사 무릉도원을 연상케 하는 브리그는 스위스에서 가장 아름다운 도시이다.

고대사에 있어 매우 큰 비중을 차지하는 곳으로 스위스에서 가장 오래된 도시이다.

쿠어에서 디젠티스로 가는 구간 중에는 해발 694m로 고도가 가장 낮은 라이헤나우(Reichenau)를 지난다. 이때 15km에 달하는 라인 강 협곡을 감상할 수 있다. 협곡의 가파른 석회암 지역은 미국의 그랜드 캐년과 비교되어 '스위스의 그랜드 캐년'이라고 불리기도 한다.

협곡을 따라 가다 보면 열차는 디젠티스에 도착한다. 이곳은 Rhb철로의 종착역으로, 여기서부터는 FO 철도 공사가 운영한다. 승객들은 이곳에서 이탈리아로 향하는 베르니나 쾌속 열차(Bernina Express)로 갈아탈 수 있다.

디젠티스-안데르마트-브리그

디젠티스를 떠나자마자 열차는 덜덜거리면서 천천히 이 노선에서 가장 높은 지대인 해발 2,033m의 오버랄프 고개(Oberalp Pass)를 오른다. 눈사태를 대비해서 만들어진

브리그-체르마트

브리그에서부터 종착역 체르마트까지는 BVZ철도 공사가 인계하여 운행을 책임진다. 이 구간은 관광 목적만을 위해 지어졌다. 끝없이 펼쳐진 포도밭과 드문드문 보이는 협곡, 작은 촌락들, 아름다운 풍경이 길을 따라 이어져 있어 어느 곳을 보든지 행복해질 것이다.

열차가 7시간 남짓 달리고 나면 종착역 체르마트가 눈앞에 나타난다. 이것으로 빙하 특급 여행은 일단락을 짓는다.

베르니나 특급
Bernina Express

베르니나 특급(Bernina Express)은 알프스 산의 빙하에서 지중해까지 이어지는 파노라마 열차로 구간의 총 길이는 144km이다. 높이 솟은 아치형 다리와 둥근 터널, 양편으로 종려 나무가 끝없이 펼쳐진 빙원 등 짧은 시간 안에 스위스 그라우뷘덴(Graübunden)의 다양한 경치를 감상할 수 있다.

◎베르니나 특급
💲41-81-288-63-26
💲일등실 CHF220,
　이등실 CHF148
@ reservation@rhb.ch
🔗 www.rhb.ch
❗1. 일련번호가 501/500인 모든 파노라마 열차는 예약 필수, 이 외에 티라노에서 루가노로 가는 열차 역시 예약이 필수이고 나머지는 예약이 필요하지 않다.
　2. 이탈리아로 들어갈 경우 반드시 유효한 여권과 비자가 필요하다.
　3. 베르니나 특급 전 구간을 모두 이용했을 경우 종착역에서 티켓을 컬러 증서로 교환할 수 있다.

베르니나 특급 열차 – 쿠어에서 출발

쿠어는 베르니나 특급 열차의 출발역인 동시에 스위스에서 가장 역사가 깊은 도시이다. 라이헤나우 성루를 지나면, 베르니나 특급 열차의 선로는 두 갈래로 나뉘는데, 하나는 남쪽의 아이거 빙하로 향하고 다른 하나는 라인 강 하류의 라인 하곡 방향으로 오버랄프 고개와 왈리스를 향해 달린다.

이어서 기차는 돔레쉬크(Domleschg) 하곡에 도착한다. 돔레쉬크는 수많은 토치카와 유적과 성루로 유명한데 이것을 통해 당시 이곳이 지리적 요충지였음을 알 수

있다. 또한 율리어 고개(Julier Pass)나 산 베르나디노(San Bernadino)처럼 남북 교통의 요충지이기도 하다.

티펜카스텔(Tiefencastel)로 향하다 보면 여러 개의 다리와 터널을 지나게 된다. 그 중 RhB 철도에서 표고점(바다로부터의 수직거리)이 가장 높은 다리는 솔리스 고가교(Solis Viaduct)이다. 이 다리는 길이 164m, 높이 90m로 알브라 강을 가로질러 놓여 있다.

티펜카스텔을 지나면 또 다른 유명한 다리인 랜드바저 고가교(Landwasser Viaduct)를 직접 볼 수 있다. 이 다리는 베르니나 특급 노선의 대표작 중 하나라고 할 수 있는데 길이 130m, 굴절도 반경은 100m이다. 모두 6개의 아치가 다리를 지탱하고 있고, 열차가 직접 암벽 내로 진입하는 과정은 매우 놀랍다.

전 세계 최고의 철도 노선

베르니나 특급을 세계적으로 유명하게 만든 베르군에서 프레다까지의 구간은 세계 최고의 철도 노선으로 이미 공인되었다. 총 12.6km, 열차가 올라가는 높이 416m, 5개의

13

원형 터널과 2개의 보통 터널, 9개
의 다리를 포함하는 이 구간을 보
기 위해 많은 관광객들이 일부러
프레다에서 베르군까지 걸어오기
도 한다. 이 길은 역사 철로길
(Historical Rail Trail)로도 불린다.
　생 모리츠에서 티라노로 가려면
폰트레지나(Pontresina)에서 차를
갈아타야 한다. 폰트레지나-티라
노 구간에서는 독자적으로 전력을
공급해서 쿠어부터 달려 온 베르
니나 특급의 기관차를 교체한다.
이후 열차는 폰트레지나를 지나
짙푸른 침엽수림과 순백의 피즈팔
뤼(Pizpalü)가 보이는 모르테라치
(Morteratsch) 고원으로 들어간다.
　열차가 천천히 산을 오르면 주위
경관도 차츰차츰 변해 간다. 풀이
무성한 초원에 눈이라도 내린다면,
지구 한편에 고립된 느낌을 받기
도 할 것이다. 또 디아볼레짜
(Diavolezza)의 등산 케이블카처럼,
각종 레저 스포츠를 즐길 수 있는
지역도 꽤 많이 지난다. 시간이 되
면 차에서 내려 빙하의 경치를 감
상해도 좋다.

베르니나
특급 최고(最高)점

　몇 개의 큰 커브를 지나면 비앙코
호수(Lago Bianco)에 도착한다. 우

윳빛 색깔 때문에 보통 우유 빙하
(Glacier Milk)라고도 불리는 비앙
코 호수는 근처의 빙하가 녹아서
형성된 것이다. 또 다른 작은 열차
가 제공하는 비앙코 호수 서비스는
매우 독특하다.
　알프그륌(Alp Grüm)은 본 노선의
높은 지점 중 하나로, 팔뤼 빙하
(Palü Glacier)를 두 구역으로 나눈
다. 계곡을 내려다보면 계곡 평원과
호수가 간간히 있는 포스키아보 계
곡(Valle di Poschiavo)이 보인다.
이때 또 다른 느낌의 지중해 이탈
리아어권으로 들어갈 준비를 해야
한다. 손에 들고 있는 카메라를 잊

지 말자. 산기슭의 계곡을 천천히 올라 계곡 평원에 닿으면 그 아름다운 경치는 최고조에 이르기 때문이다. 짧기만 한 5km 지점에서 즉시 1,000m를 하강하는데, 어떤 곳에서도 하기 힘든 경험을 여기서 체험해 볼 수 있다.

색다른 열대 분위기

포스키아보(Poschiavo)는 포스키아보 계곡의 첫 번째 이탈리아어권 도시이다. 건물들의 다채로운 색상은 이탈리아의 정취를 분명하게 느낄 수 있게 한다. 열차는 산 안토니오(San Antonio)와 레프레스(Le Prese)의 시내를 통과한다. 이곳은 'Pizzoccheri Valtellinesi' 라는 요리가 유명한데 마카로니를 감자와 시금치, 무, 마늘, 양파와 버무려 치즈와 버터를 곁들여 구운 요리로 맛이 아주 환상적이다.

이어지는 여정이 평탄하다고 생각하지 말자. 아직 브루시오의 초대형 아치형 다리(107m)가 당신을 기다리고 있기 때문이다. 이 다리는 앞서 지나왔던 베르군-프레다 구간의 원형다리만큼 특색이 있다. 다리를 지나면 바로 스위스와 이탈리아의 국경과 세관에 닿는다. 베르니나 특급의 종점 티라노 역시 머지않았다.

베르니나 특급의 종점인 티라노는 인구 8,600명의 전형적인 이탈리아 소도시이다. 베르니나 특급이 이곳을 종점으로 삼고 있어 식당과 카페 그리고 피자 가게는 승객들로 매우 시끌벅적하다. 많은 차량이 정차하는 코모 호수(Lake Como), 그리고 밀라노와 루가노는 중요한 교통 교차로이다.

윌리엄 텔 특급
William Tell Express

윌리엄 텔 특급(William Tell Express)은 스위스 역사의 발원지인 루체른에서 출발하여 이탈리아어권의 루가노까지 운행된다. 또 스위스 양대 관광지인 중부와 티센을 연결하고 있어 하루 코스로 빙하에서 지중해 기후까지 체험할 수 있다.

다른 파노라마 열차와 다른 점은 기차로 가는 육지 노선과 증기선으로 가는 해상 노선이 결합되어 있다는 것이다. 알프스 산의 아름다운 산림을 감상하는 동시에 호수와 산이 어우러진 평온함을 만끽할 수 있다.

◎윌리엄 텔 특급

- Werftestrasse5
- 41-41-367-67-67
- 일등실 CHF165, 이등실 CHF135
- info@lakelucerne.ch
- www.lakelucerne.ch

빙하에서 지중해까지

먼저 루체른 부두에서 루체른 호수를 지나는 고풍스런 느낌의 증기선을 타자. 하얀 유니폼을 입은 선원들이 입구에 서서 승객들을 맞이할 것이다.

배의 크기는 작지 않다. 최소 백 명의 승객을 수용할 수 있으며 객실은 일등실과 이등실로 나뉜다. 일등실에는 푹신한 소파가 있고 객실 제일 앞쪽에 서면 호숫가의 경치를 선명하게 볼 수 있다. 이등실은 2층에 있는데, 갑판이 비교적 높은 층이기 때문에 경관 역시 나쁘지 않고 바깥의 갑판으로 나가 바람을 쐴 수 있다.

증기선의 속도는 매우 느리다. 루체른 호수의 작은 마을들에 하나하나 정차하며 플루엘렌(Fluelen) 방향으로 천천히 나아간다. 대략 세 시간 반 정도 소요되기 때문에 바쁜 여행길 중 휴식을 취할 수 있는 좋은 기회이다. 점심때에는 일등실 승객과 식사비를 지불하는 승객에게 맛있는 점심을 제공한다. 또 원

하는 승객에게는 음료와 간식이 제공된다.

 뭍에 닿은 후 기차는 루체른을 향한다. 길을 따라 생 고타르드 고개(St. Gotthard)를 지나는데 이곳의 구불구불한 터널이 산을 넘고 고개를 도는 길을 인도할 것이다.

 벨린조나(Bellinzona)에서는 이 중세 도시를 방어했던 세 채의 성곽을 볼 수 있는데, 오늘날까지 장렬한 분위기가 성을 둘러싸고 있다.

골든 패스
Golden Pass

골든 패스(Golden Pass)는 이름 그대로 황금노선이다. 스위스의 내로라하는 관광 명소가 모여 있는 이 노선은 독일어권인 스위스의 심장 루체른 호수(Lake Luzern)를 시작으로, 루체른(Luzern), 인터라켄(Interlaken), 츠바이짐멘(Zweisimmen), 몽트뢰(Montreux)를 지나, 스위스 서남부의 프랑스어권으로 이어져 '스위스의 푸른 해안'이라 불리는 제네바 호반에 도달한다. 이 노선을 달리며 관광객들은 스위스의 주옥같은 경치에 감탄을 연발한다.

알프스 산의 관광 명소를 쉴 새 없이 드나드는 골든 패스는 6개의 호수와 3개의 협곡을 지난다. 총 길이 240 km, 운행 시간은 5시간이다. 노선은 루체른과 인터라켄 사이를 운행하는 브루니그 파노라마 열차(Brunig Panoramic Express), 인터라켄과 츠바이짐멘 사이를 운행하는 살롱 블루 파노라마 열차(Salon Bleu), 그리고 츠바이짐멘과 몽트뢰 사이를 운행하는 크리스털 파노라마 열차(Cristal Panoramic Express)로 구성되어 있다.

골든 패스에서 내다보이는 풍경은 마치 한 장의 그림엽서 같아 잠시도 눈을 뗄 수가 없다. 특수 설계된 열차의 대형 유리창을 통해 승객들은 아름다운 경관을 즐길 수 있다. 커다란 호수와 산의 아름다운 경치가 눈앞에 연이어 펼쳐지며, 언제든지 카메라를 꺼내 추억을 남길 수 있다.

◎골든 패스
🏠Case postale 1426, CH-1820 Montreux 1
☎41-21-989-81-81
💲일등실 CHF222, 이등실 CHF134.
🌐www.goldenpass.ch
❗스위스 패스(Swiss Pass), 유레일 패스(Eurailpass), 유로 패스(Europass), 골든 패스 노선의 Point to Point 티켓을 소지한 승객은 유효기간 내에 다른 티켓을 구매할 필요 없이 골든 패스를 이용할 수 있고 탑승 전에 자리를 예매하기만 하면 된다.

골든 패스

브루니그 파노라마 열차
(루체른−인터라켄)

 골든 패스는 루체른에서 출발한
다. 스위스 중앙에 위치한 루체른
은 아름다운 산과 강이 있는 중고
세기풍의 도시이며, 루체른의 필라
투스 산(Mt.Pilatus)과 티틀리스 산
(Mt. Titlis)의 사계가 뚜렷한 풍경
은 관광객들의 사랑을 한 몸에 받
고 있다. 하루 정도 머무르며 여유
롭게 풍경을 즐기자.

 국영 스위스 연방철도의 브루니
그 파노라마 열차가 달리는 이 구
간은 협궤 철로로 만들어졌다. 알
프나흐(Alpnach), 샤르넨(Sarnen),
룽 게 른 (Lungern), 브 리 엔 츠
(Brienz) 등 네 개의 호수를 지나
며 주로 보이는 것은 평원과 호수
이다. 열차가 지나는 가장 높은 지
대는 해발 1,007m의 브루니그 고
개(Brünig Pass)이다.

 골든 패스 제1구간의 종착역 인터
라켄은 산과 호수를 끼고 있는 아
름다운 도시이자 이름난 휴양지이
다. 때문에 하루 이틀 이곳에 머무
르며 산촌 마을의 아름다움을 즐겨
보는 것도 특별한 추억이 될 것이
다. 또한 이곳에서 알프스 산의 유
명한 지맥(支脈)인 융프라우와 쉴트
호른 봉을 경유하는 등산열차로 갈
아 탈 수 있다.

살롱 블루 파노라마 열차
(인터라켄−츠바이짐멘)

 제2구간은 인터라켄에서 BLS-
Lotschbergbahn 철도 공사의 살
롱 블루 파노라마 열차로 갈아타면
서 시작한다. 종착지는 츠바이짐멘
이다.

 살롱 블루 파노라마 열차는 이름
그대로 차체가 모두 파란색으로,
로맨틱한 분위기를 풍긴다. 인터라
켄을 떠난 후, 열차는 툰 호수
(Lake Thun)를 따라 슈피츠(Spiez)
를 지난 후 베르너 고지(Berner
Oberland)에서 가장 장엄한 시멘

계곡(Simmen Valley)으로 향한다.
계곡을 지나면 창밖의 풍경은 천천
히 초원으로 변하고 육중한 젖소들
이 보이기 시작한다. 낙농업으로 유
명한 어퍼 시멘 계곡은 스위스에서
가장 품질이 좋은 젖소를 생산하고
있다. 특히 흰 소, 또는 붉은 갈색
바탕에 반점이 있는 소들이 많다.

 살롱 블루 파노라마 열차의 종착
역인 츠바이짐멘은 어퍼 시멘 계곡
에서 중요한 위치에 있다. 이 도시
는 유구한 역사를 지니고 있지만
안타깝게 1862년 발생한 화재로 구
시가의 마리아 성당을 제외한 과거
유적이 얼마 남아있지 않다.

크리스털 파노라마 열차
(츠바이짐멘−몽트뢰)

 승객들은 츠바이짐멘에서 크리스
털 파노라마 열차로 갈아타고 골든
패스 여행을 계속한다. 이 노선은
독일어권에서 프랑스어권으로 진입
하기 때문에 또 다른 이국적인 분
위기를 느낄 수 있다.

 크리스털 파노라마 열차는 MOB
철도 공사(Montreux-Oberland

호텔들은 무릉도원과 다를 바 없는 정취를 풍긴다.

몽트뢰에 오면 고요한 경치를 감상하는 것 외에도 포도주를 시음하는 것을 잊지 말자. 물론 시인 바이런이 직접 쓴 악필 사인이 있는 시용 성 역시 꼭 가봐야 할 곳이다.

골든 패스 제대로 알기

Bernois)가 운영한다. 길을 따라 보이는 것은 모두 스위스에서 최고로 손꼽히는 휴양지로 푸르른 수풀과 비옥한 목장이 전형적인 스위스 시골 풍경의 매력을 잘 나타내고 있다.

치즈의 진한 향을 맡으며 프랑스어권으로 진입하면 프랑스어가 여기저기서 들리기 시작하고 풍경도 한층 더 온화해진다. 열차가 포도밭으로 들어갈 때면 이미 종착역인 몽트뢰가 보이기 시작한다.

몽트뢰는 제네바 호수의 동쪽에 위치하며 일류 휴양지로 알려져 있다. 많은 유명 인사들이 이곳을 선택해서 은거생활을 하였다. 사방으로 포도밭에 둘러싸여 있는 최고급

골든 패스는 세계 최초로 천장까지 이어지도록 설계된 창문과 에어컨 시설을 갖춘 파노라마 열차이다. 승객들이 더 가까이서 경치를 즐길 수 있도록 설계된 이 열차는 1979년 정식으로 운행하기 시작했다. 관광객들은 예상치 못한 열렬한 반응을 보였고 이 때문에 철도 공사는 적지 않은 수익을 올렸다. 1982년 MOB는 골든 패스 코스 안에 두 번째 파노라마 열차를 증설하였다. 골든 패스의 열차는 내부 설비가 쾌적할 뿐 아니라 외관 또한 매우 세련되었다. 설계는 페라리의 디자이너 파리나(Pinin Farina)가 맡았다.

등산 철도
Mountain Railways

늘날 스위스 내에는 대략 10여 개의 등산 철도(Mountain Railways)가 있고, 주로 중남부 알프스 산 쪽에 분포해 있다. 아래 소개하는 4개의 인기 노선 외에도 제네바 호반의 브로네이 샹뷔 철도 박물관(The Railroad and Museum Blonay-Chamby), 퓨카 고개(Furka pass)를 넘는 퓨카 증기 기차, 리기 (Rigi) 봉을 넘는 리기 등산 열차 역시 괜찮은 선택이 될 것이다.

융프라우 철도
Jungfrau-Bahnen

럽의 지붕이라고 불리는 융프라우는 스위스에서 매우 유명한 관광 명소로 2001년 12월, UNESCO의 심사를 통과하여 협회원이 되었다. 한 시간 정도 융프라우 열차에 몸을 맡기고 있으면 알프스의 빙하 세계를 체험할 수 있다.

융프라우를 처음 방문하는 관광객은, 국영 철도와 민영 철도가 뒤섞인 수많은 철로지선에 정신이 없을 것이다. 하지만 융프라우 철로도면은 한번 보면 바로 쉽게 이해할 수 있다. 먼저 융프라우 철도(Junhfrau-Bahnen)

는 대부분 인터라켄 동부 역 (Interlaken Ost)에서 출발하여 천천히 계곡을 통과하여 정상으로 향한다. 여기서 출발하는 열차는 BOB에서 운행하는 것이다. 쯔바이루취넨 (Zweilutschinen)을 통과한 열차는 계속해서 위로 오른다. 이후 열차는 두 갈래의 동서 차량으로 나뉘는데, 하나는 그린델발트 (Grindelwald)를 통과하고 다른 하나는 라우터브루넨(Lauterbrunnen)을 지나 마지막에는 클라이네 샤이덱 (Kleine Scheidegg)에서 만난다. 이 구간은 WAB가 운영하는 것으로, 융프라우의 진면모는 바로 이 클라이네 샤이덱부터 시작한다.

◎융프라우 철도
⌂ Harderstrasse 14, CH-3800 Interlaken
☎ 41-33-828-71-11
💲 일등실 CHF172, 이등실 CHF162.
🌐 www.jungfraubahn.ch
❗ 일등실과 이등실의 배차간격은 인터라켄-클라이네 샤이덱, 클라이네 샤이덱-융프라우부터 차이가 없다.

다양한 노선 다양한 경치

어떤 노선을 선택하든지 간에 돌아올 때는 다른 노선을 선택하자. 융프라우의 다양한 경치를 감상했다면 또 한 번의 여정은 다른 노선으로 계획할 수 있다.

예를 들어 라우터브루넨 노선을 이용하면 라우터브루넨의 수많은 빙하 폭포를 감상할 수 있다.(72개의 폭포가 있다)

또 그린델발트 노선을 이용하면 푸른 알프스 산과 전형적인 스위스 오두막을 볼 수 있다. 기회가 된다면, 그린델발트나 벤겐(Wengen) 같은 산간 마을에서 하루 묵으며 하이킹을 하는 것도 재미있을 것이다.

특히 여름철에는 알프스에 흐드러지게 핀 아름다운 꽃들을 감상할 수 있다.

알프스 터널을 통과하는 열차

융프라우 철도의 총 길이는 12km에 달한다. 열차가 클라이네 샤이덱(Kleine Scheidegg)에서부터 아이거 빙하(Eiger Glacier)까지 펼쳐진 들판을 달리고 나면, 열차는 알프스 산의 암벽을 뚫어 만든 터널을 지나기 시작한다. 이 구간에서 관광객은 거대한 창을 통해 알프스 산맥의 장엄한 풍경을 감상할 수 있다.

열차가 해발 2,865m의 아이거 북

벽(Eiger North Wall)에 닿으면, 청록의 그린델발트 계곡과, 클라이네 샤이덱의 군데군데 위치한 작은 기차역, 멀리 인터라켄과 튠 호수를 굽어 볼 수 있다. 열차는 또 다시 달리고 곧 해발 3,160m의 얼음바다(Sea of Ice)역에 도착한다. 이곳에서 거대 암석과 예로부터 녹지 않는 빙하가 만들어내는 경이로운 풍경을 감상하자.

산 정상은 그 자체가 빙하 동굴이다. 때문에 관광객들은 힘들이지 않고 알프스에서 가장 긴 알레치 빙하를 감상할 수 있다. 날씨가 맑을 때는, 스위스 국경 너머 프랑스의 보쥬(Vosges) 산맥과 독일의 슈바르츠발트까지도 보인다.

산 정상의 다채로운 오락 시설

산 정상은 이미 인기 있는 관광 명소로 개발이 많이 되었다. 식당과 같은 일반적인 시설뿐만 아니라, 얼음 동굴, 전망대, 시베리안 허스키 눈썰매 등 다양한 놀이거리도 있어, 한두 시간 정도 재미있게 시간을 보낼 수 있다.

먼저 융프라우에서 반드시 가봐야 하는 곳은 스핑크스 관망대와 얼음 궁전이다. 유럽에서 가장 높은 스핑크스 관망대는 해발 3,571m 높이에 있다. 관광객들은 이곳의 360도 전면에서 알레치 빙하와 유라 산맥 등 거대한 알프스를 감상할 수 있다.

오래된 승강기는 이미 적재 중량을 견딜 수 없어 새로운 승강기를 만들었다. 이 승강기는 매 시간 1,200명을 태울 수 있고 25초 만에 108m의 스핑크스 관망대에 도착한다. 이 고속 승강기의 경험은 관광객들을 더욱 흥분시킨다.

얼음 궁전은 신기한 얼음 동굴이다. 알프스 산 빙하 내에 이렇게 큰 지하 얼음 궁전을 뚫었을 것이라고 누가 상상이나 할 수 있었겠는가? 이곳의 온도가 바깥보다 높을 것이라고 생각해선 안 된다. 만약 두껍

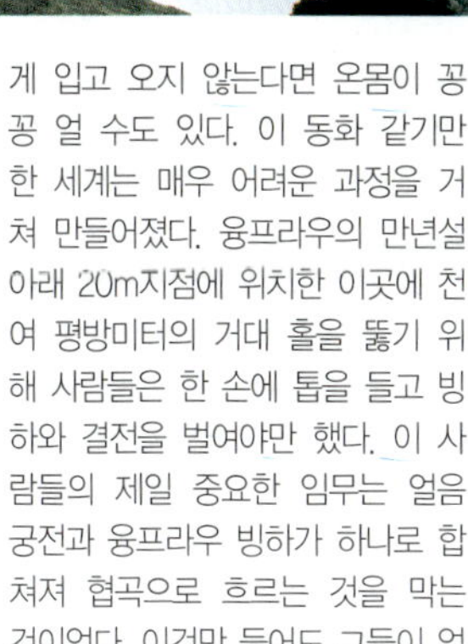

게 입고 오지 않는다면 온몸이 꽁꽁 얼 수도 있다. 이 동화 같기만 한 세계는 매우 어려운 과정을 거쳐 만들어졌다. 융프라우의 만년설 아래 20m지점에 위치한 이곳에 천여 평방미터의 거대 홀을 뚫기 위해 사람들은 한 손에 톱을 들고 빙하와 결전을 벌여야만 했다. 이 사람들의 제일 중요한 임무는 얼음 궁전과 융프라우 빙하가 하나로 합쳐져 협곡으로 흐르는 것을 막는 것이었다. 이것만 들어도 그들이 얼마나 힘들게 일했는지 짐작할 수 있다.

여행객들의 체온 때문에 얼음 궁전은 반드시 별도로 온도를 더 낮추어야 한다. 온도 제어 설비는 외부의 공기를 영하 10도까지 낮추어 빙하 통로로 불어 넣는다. 이렇게 얼음벽의 온도가 영하 2도를 넘어가지 않도록 유지하기 위해 불어 넣는 공기는 고층빌딩으로 공급할 수도 있다고 한다. 이러한 환경 제어 시스템은 감탄을 절로 자아낸다.

만약 세계의 지붕인 융프라우에서 기념을 남기고 싶다면 유럽에서 가장 높은 우체국에서 엽서 한 장을 사서 친한 친구에게 편지를 부쳐 보자. 재미있는 추억이 될 것이다.

고르너그라트 철도

Gornergrat-Monte Rosa-Bahnen. (GGB)

산과 친해지고 싶어서, 또는 산을 정복하고 싶어서 18세기 이래로 줄곧 많은 사람들이 알프스 산을 찾아왔다. 그중 가장 주목받는 곳이 높이 4,485m의 마터호른으로, 고르너그라트 철도(Gornergrat-Monte Rosa-Bahnen)는 마터호른의 출발점을 오른다.

1896년 건설하기 시작한 체르마트–고르너그라트 구간은 고르너그라트가 높이 3,089m에 위치한 까닭에 여름철 눈이 녹는 때에만 작업을 해야만 했고, 2년 동안 시공에 투입된 사람 수는 2,400명에 달했다.

철도가 고위도 지역에 있기 때문에 눈이 오래 내리면 철도 운행이 중단되는 경우는 다반사였으며 일 년 내내 철도를 운행할 방법도 없었다. 하지만 1939년, 다시 800m에 달하는 터널을 만든 후부터 고르너그라트 철도는 눈에 영향 받지 않고 계속 운행할 수 있게 되었다.

◎ 고르너그라트 철도
⌂ Nordstrasse 20, Ch–3900 Brig
☎ 41–27–921–41–11

💲 편도 CHF36, 왕복 CHF72
@ info@gornergrat.ch
🌐 www.ggb.ch
Sunegga 지하철
www.sunegga.express.ch
Rothorn 전동 케이블카
www.rothorn.com

스위스 제일의 래크레일식 전동 철도

고르너그라트로 가는 기차역은 체르마트 기차역 왼편 앞쪽에 있다. 스키 시즌이 오면 스키 용품을 가지고 기차에 오르는 사람들을 자주 볼 수 있다.

마터호른을 감상하기 위해 고르너그라트에 오른 관광객 역시 이 철도의 중요한 관광 자원이다. 그러나 장담할 수 없는 것은 산위의 기후가 일정치 않기 때문에 어떤 경우에는 그저 안개만 보게 될 수도 있다는 것이다.

고르너그라트에 있는 큰 전망대에서는 몬테로사(Monte Rosa), 브라이트호른(Breithorn)같이 4,000m가 넘는 높은 산과 고르너 빙하(Gornerglestscher)의 장관도 볼 수 있다. 희박한 공기 탓에 상쾌하다고 느끼기도 하지만, 산소량이 부족하기 때문에 현기증이나 수면욕을 느낄 수도 있다. 따라서 산 위에서는 천천히 이동하고, 술은 삼가는 것이 좋다. 불행하게도 추운 날을 선택했다면 큰 셀프 식당이 있으니 이곳에서 따뜻한 음식을 먹으면 된다.

시간이 충분하다면 로텐보덴(Rotenboden), 리페랄프(Riffelalp), 핀델바흐(Findelbach)에서 미리 하차하여, 도로를 따라 산을 내려가도 좋다. 코스마다 대략 한 시간에서

걷다 보면 몇 채의 오두막 식당을 보게 되는데, 이곳에서 정통 스위스 요리로 식사를 해결하는 것도 괜찮은 선택이 될 것이다.

다리 힘이 좋은 여행객은 리페랄프에서 수네가(Sunegga) 방향으로 가는 하이킹 코스를 고려해 보자. 아름다운 고산 호수인 라이제(Leisee)를 볼 수 있을 뿐 아니라 스위스 산맥을 넘는 최초의 지하철 Alpen-Metro Sunnegga도 탈 수 있는데 이 지하철은 체르마트 시내까지 바로 연결된다. 만약 자연 애호가라면, 수네가에서 전동 케이블카를 타고 높이 3,103m의 로트호른(Rothorn)에 가는 것도 좋다. 광대한 알프스 산맥에서 놀고 싶은 대로 놀 수 있을 것이다.

두 시간 사이로 소요 시간도 다르다. 여행 서비스 센터에서 제공하는 하이킹 코스를 참고하자.

특히 핀델바흐 역에서 출발하는 코스는 경사가 심하지 않아 온 가족이 함께 하이킹하기에 좋다. 또 코스 중에 침엽수림 구간이 있어 삼림욕도 즐길 수 있다.

브리엔츠 · 로트호른 철

Brienz-Rothorn-Bahn(BRB)

인터라켄에서 15km 떨어진 브리엔츠(Brienz)에는 스위스 첫 번째 증기기차가 있다. 1892년 개통되어 지금은 백 여 살이 넘었다. 이는 복고풍 열차 광들에게는 매우 기쁜 소식이 아닐 수 없다.

이 철도의 역사를 거슬러 올라가 보자. 1889년 2백만 스위스 프랑을 들여 시공을 시작했고, 사람이 가장 많이 투입됐을 당시 총 640명이 시공에 투입되었다고 한다. 총 길이 7.6m의 철로는 1,678m를 올라가고, 6개의 터널을 통과한다. 그 동안의 경치의 변화는 매우 다채롭다.

이 등산 철도는 1892년부터 줄곧 운행되다가 1914년 제 1차 세계 대전 때 운행이 중단되었다. 그리고 1931년 다시 개통되었을 당시 스위스 철도는 모든 열차의 전동화를 표방하였기 때문에 브리엔츠 · 로트호른 철도는 스위스의 유일한 래크레일 식 증기철도가 되었다.

브리엔츠 · 로트호른 철도(Brienz-Rothorn-Bahn)의 정거장은 브리엔츠 기차역 맞은편에 있으며 작지만 정교한 인상을 준다. 배차 간격은 45분~1시간 정도로 일정하지 않다. 그리고 반드시 20명의 승객이 모여야 출발하고 매 차마다 적재량에 제한이 있기 때문에 한 시간 이상 기다리는 경우가 빈번하다. 때문에 마음의 준비를 하고 오는 것이 좋다.

◎**브리엔츠 · 로트호른 철도**

⌂ Brienz Rothorn Bahn, Postfach, CH-3855 Brienz

☎ 41-33-952-22-22

💲 왕복 CHF72

@ info@Brienz-Rothorn-Bahn.ch

🌐 www.Brienz-Rothorn-Bahn.ch

❗날씨가 안 좋을 경우 임시로

브리엔츠 · 로트호른 철도

속도는 시속 8km. '늙은 트레일러'의 속도라고 말할 수도 있겠지만, 이 때문에 승객들은 더 세심히 길가의 풍경을 감상할 수 있다. 만약 여름 전에 이곳에 온다면, 보기 힘든 알프스의 꽃들을 볼지도 모른다. 또 아침 열차를 탄다면 운 좋게 산양 떼를 만날 수도 있다.

열차가 터널을 하나하나 지날 때 산 아래 길게 누워있는 아름다운 브리엔츠 호수와 마을이 보인다. 재미있는 것은 열차가 운행 도중 플라날프(Planalp) 역에 잠시 정차하는데, 그것은 열차가 과열되는 것을 막기 위해 기관차에 물을 보충하기 위해서라고 한다.

한 시간 남짓의 여정이 지나면, 열차는 쿠어의 어머니 역인 로트호른에 도착한다. 산 위에는 호텔과 식당이 있어 여행에 지친 몸을 쉬어 갈 수 있다. 날씨가 맑을 때는 푸른 호수와 알프스 산맥이 선명하게 보이는 노천카페에 한가로이 앉아 아름다운 경치를 감상하거나 주변의 하이킹 코스를 선택해서 웰빙 여행을 즐겨도 괜찮을 듯하다.

배차가 취소되기도 한다.

스위스에서 사라져 가는 증기기차

브리엔츠 · 로트호른 철도 증기기차의 기관차는 차량 뒷부분에 연결되어 있다. 모든 승객이 기차에 오를 때 가장 기대하는 것이 기차가 뿜어내는 '쉬쉬쉭' 하는 배기음이다. 이러한 기차 체험은 자주 어린이들을 흥분하게 만든다.

필라투스 산 철도
Pilatus-Bahn(PB)

세계에서 가장 가파른 철도를 체험해 보고 싶은가? 그렇다면 필라투스 산 철도(Pilatus-Bahn)를 잘 찾아온 것이다. 필라투스 산은 루체른 부근에 위치하고 있어 루체른에서 반나절 혹은 하루 코스로 놀러오는 인기 있는 관광 명소이다. 필라투스 산을 오르는 방법은 두 가지인데, 하나는 케이블카이고 또 하나는 래크레일 식 열차이다. 특히 이 래크레일 식 열차는 여행 중 가장 특별한 경험이 될 것이다.

필라투스 산 등산 철도는 1889년 개통되었고, 오늘날 이미 백년이 넘는 역사를 지니고 있다. 1937년까지 줄곧 증기를 이용한 방식으로 운행했으나 요즘은 전력을 이용하고 있다. 래크레일 식 철도에 속하면서 전 세계에서 가장 가파른 철도라고 불리는 필라투스 산 철도는 평균 1,000m를 갈 때마다 420m의 경사를 오른다. 산 아래의 알프나흐슈타드(Alpnachstad)에서 산 정상의 기차역까지 전체 길이는 대략 47km이고, 운

행 시간은 30분에서 40분 정도이다.

◎필라투스 산 철도

⌂Schlossweg 1, CH-6010 Kriens/Luzern

☎41-41-329-13-13

🕐5월 중순~11월 말

💲왕복표 CHF58

🌐www.pilatus.com
스위스에서 가장 긴 로프
www.fraekigaudi.ch

승객들은 못 느끼는 경사도

이 특별한 기차는 생김새 역시 특이하다. 플랫폼이 계단 형식으로 되어 있어 특수 구조 열차의 반열에 들어섰으며, 열차의 각 칸마다 차체의 높이가 일정한 차이를 두고 있어 열차 운행 시 차 안의 승객들은 경사를 느낄 수가 없다.

이렇게 특수한 구조 때문에 승객들은 아직 앉기도 전에 흥분과 기대에 부풀고, 차가 천천히 움직이기 시작하면 흥분은 최고조에 이른다. 맨 앞 칸이나 맨 뒤 칸에 타기를 추천한다. 그래야만 가파른 경사의 철도를 잘 볼 수 있기 때문이다.

높이 2,132m인 필라투스 산의 바깥으로 보이는 풍경은 고도가 높아짐에 따라 다채롭게 변화한다. 알프나흐슈타드 역을 떠나면 제일 먼저 침엽수림 지역을 지나며, 열차가 일

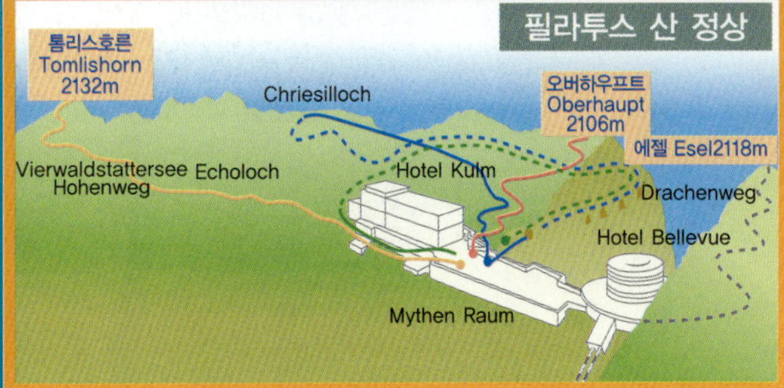

정한 고도에 오르면, 산 아래로는 알프나흐 호수(Lake Alpnach)와 전형적인 스위스의 오두막이 보인다. 열차가 1,000m의 고도에 올라가면 보이는 것은 온통 암석과 초원뿐이다. 동시에 온도도 내려간다. 만약 봄이나 늦여름, 초가을 전에 이곳에 온다면, 약간의 적설과 안개가 자욱한 경관을 볼 수 있을 것이다.

산 정상의 다양한 여가 시설

필라투스 산 정상에는 놀기 좋은 곳이 있을까?

열차가 산 위의 정거장에 도착하면 바로 Hotel Bellevue의 큰 홀을 지나 테라스에 올 수 있다. 날씨가 좋으면 이곳에서 알프스 산맥의 수려한 경치를 감상할 수도 있다. 또 이곳에는 Hotel Bellevue 외에도 두 군데의 호텔과 식당이 있다. 시간이 넉넉한 관광객은 여기서 식사를 하거나 숙소를 잡는 것도 괜찮다.

필라투스 산에는 5개의 하이킹 코스가 있는데, 자신의 체력과 시간에 따라 선택할 수 있다. 하지만 짧기만 한 몇 십 분의 하이킹 코스를 얕잡아 보지는 말자. 산 위의 공기가 비교적 희박하기 때문에 체력 소비

가 매우 많을 것이다.

하이킹 코스 중 가장 인기있는 것은 500m에 달하는 암벽 동굴인데, 이 암벽 내의 길은 매우 좁고 험준하여 겁내는 사람도 많다.

만약 아직 힘이 남아 있다면, 길을 따라 오버하우프트(Oberhaupt)의 관망대에 올라 구름 바다 위로 솟은 알프스 산맥의 봉우리를 감상하는 것도 좋다.

설령 여름에 필라투스 산을 찾아왔더라도, 산 위의 기후는 변화가 심하기 때문에 옷을 많이 입고 몸을 따뜻하게 해야 한다. 그래서 많은 여행객들이 식당에 가서 따뜻한 커피나 차를 마시고, Hotel Bellevue의 일층 선물 코너에서 선물을 고른다.

이 밖에 시간을 정해 놓지 않고 산 정상에서의 스위스식 아침 식사, 석양 무렵의 저녁 식사 같은 행사를 하기도 한다. 이러한 산 위에서의 여유로운 식사에 관심이 있는 사람은 스케줄을 맞춰 참여해보자.

이곳 역시 관광 시설이 잘 갖추어진 지역이기 때문에, 만약 다른 방식으로 산을 내려가고 싶다면, 케이블카를 타도 좋다. 케이블카만의 색다른 재미를 느낄 수 있을 것이다. 먼저 큰 케이블카를 타고 프라크뮌테그(Fräkmüntegg)에 와서 다시 작은 케이블카로 갈아타고 25분 정도 가면 산 아래의 콜린스 역에 도착한다. 한 번 가볼 만한 곳은 프라크뮌테그에 있는 스위스에서 가장 긴 스키 로프(Toboggan Run)이다. 약 135m의 이 스키 로프는 매우 스릴 있고, 자극적이지만 여름철 날씨가 좋을 때에만 개방한다.

필라투스 산의 전설

용의 산으로 여겨지는 필라투스 산은 줄곧 신기한 전설을 많이 가지고 있었다. 아마도 이 험준한 산세 때문에 예전부터 오르는 데 어려움이 많았고 산 위의 기후 변화 또한 심해 사고가 자주 발생했기 때문일 것이다.

전설 중 하나는 이러하다. 1421년 여름 어느 날, 거대한 용이 이곳으로 날아왔다. 이곳의 농민 한명이 용을 보고 놀라서 기절했는데, 깨어나 보니, 용의 혈흔 속에 돌이 하나 응결되어 있었다. 그리고 이 돌은 1509년 정부에 의해 치료 효과가 있는 것으로 확인됐다.

독일어권

취리히

Zürich

취리히(Zürich)는 전통과 현대가 공존하는 도시로 그 자체만으로 다른 도시에 미치는 영향력이 상당하다. 1877년 증권 교역 센터를 세운 후, 일거에 세계적 상업 도시로 변모하였다. 고층 빌딩으로 가득한 일반적인 현대 대도시들과 달리, 취리히는 오늘날까지도 유럽의 고전적 풍경을 간직하고 있다. 아트 갤러리, 골동품 숍과 특색 있는 카페 등 취리히의 거리는 매우 감각적이고 흥미롭다. 취리히의 번화한 밤거리를 경험해야만 진정한 취리히 관광을 했다고 할 수 있겠다.

정보

◎취리히 가는 길

취리히는 스위스 국제 교통의 중심지이다. 국제공항, 국내 철도망이 모두 취리히를 출발점으로 하고 있어 매우 편리하다.

◎시내 교통

취리히 시내 전차는 모두 13개의 노선이 시내 곳곳에 분포해 있다. 때문에 시내 전차는 취리히 시내 관광에 가장 적합한 교통수단이다.

전차표는 보통 큰 광장의 매표소에서 살 수 있다. 구매 시간을 절약할 수 있는 1일권 구매를 추천한다. 1일권의 가격은 CHF7.6이다.

그 외에 취리히 카드(Zürich card)가 있는데, 전차와 기차를 탈 수 있을 뿐 아니라, 40군데 이상의 박물관을 무료로 들어갈 수 있고, 지정 식당의 식사를 즐길 수 있는 특혜가 있다. 24시간 취리히 카드는 성인 CHF15, 아동 CHF10, 72시간 취리히 카드는 성인 CHF30, 아

동 CHF20이다. 모든 카드는 사용 전에 반드시 발매기에서 사용 기간과 시간을 입력하고 사용해야 한다.

 옛 성곽을 관람하고 싶다면 도보로 가는 것이 비교적 편리하다.

◎취리히 관광 센터

🏠Bahnhofbrücke 1 Postfach, CH-8023 Zürich

🕐11/1~4/30　월~토요일 8:30~19:00,　일요일 9:00~18:30,
　5/1~10/31　월~토요일 8:00~20:30,　일요일 8:20~18:30

☎41-44-215-40-00

📠41-44-215-40-44

@information@zuerich.com

🌐www.zuerich.com

취리히 동물원의 열대 우림 온실
Masoala Rainforest at the Zoo Zürich

시내 중심에서 Zoo Zürich 방향의 5번 또는 6번 전차를 타고 종점에서 하차 후, 도보 3~5분

Zürichbergstrasse 221, CH-8044 Zürich

3~10월
동물원 9:00~18:00,
우림 온실 10:00~18:00,
11~2월
동물원 9:00~17:00,
우림 온실 10:00~17:00

41-44-254-25-05

성인 CHF22,
6~16세 CHF11.
단체(20명 이상)는 사전 예약 후 가이드를 동행할 수 있으며 일인당 CHF4의 추가 요금을 내야 한다.

@ zoo@zoo.ch
www.zoo.ch

취리히 동물원에서 가장 볼 만한 것은 이 열대 우림 온실(Masoala Rainforest at the Zoo Zürich)이다.

이곳은 생태 보존을 출발점으로 삼아, 아프리카 마다가스카 국립공원과 합작 조성한 곳으로, 마다가스카로부터 4,700여 그루의 우림수와 동물들을 가져와 기르기 시작하였다. 취리히 동물원은 온실 입장료의 30%를 우림 보존 기금으로 책정하여 마다가스카 국립공원에 지급하고 있다.

이 온실의 온도와 습도 및 환경은 진짜 열대 우림지역과 매우 비슷하게 설정되어 간접적으로나마 아프리카의 열대 우림을 경험할 수 있다.

이곳에는 멸종 위기에 처한 여우원숭이가 있다. 천천히 거닐며 우림 사이를 자세히 보면 매우 귀여운 여우원숭이가 온실 천장으로 기어 올라가 더위를 피해 바람을 쐬기도 하는데, 이런 모습은 매우 사랑스럽다.

일반 개방 시간 외에 동물원은

예약제로 단체 가이드 해설 서비스를 제공하고 있으며, 휴관시간에도 여행객들의 출입을 허가하여 우림수 사이를 거닐며 동식물을 직접 만나고 만지는 매우 진귀한 체험을 할 수 있다.

구시가
Old Town

취리히가 지금 매우 세련된 도시이긴 하지만 시내 중심의 구시가(Old Town) 지역은 역사적으로 높은 가치를 지니고 있다.

자갈길은 양 길가의 오래된 건축물에 우아함과 아름다움을 더하고 도시 전체로 하여금 고풍스러운 옛 정취를 물씬 풍기게 한다. 한 눈에 도시를 볼 수 있는 강가에는 중요한 명소 세 곳이 있다. 그로스뮌스터 대성당(Grossmünster)과 성 피터 교회(St. Peter), 그리고 프라우뮌스터 대성당(Fraumünster). 바로 이 세 성당의 고탑이다.

구시가에 있는 오래된 건축물들의 내부는 이미 대부분 현대식으로 리모델링되었고, 신기한 식당 또는 왁자지껄한 술집 등 몰라보게 변한 취리히는 전 세계 여행객들이 가장 선망하는 곳 중 하나가 되었다. 그중에서도 특히 젊은이들의 사랑을 받고 있다.

취리히 구시가에는 요상하지만 저렴한 호텔과 신기하고 재미있는 제품을 파는 매장, 그리고 역사가 깊은 식당, 특색 있는 카페와 찻집, 음반매장, 서점 등이 있어 스위스만의 향취를 한껏 느낄 수 있다.

그로스뮌스터 대성당
Grossmünster

P37B1

Grossmünsterplatz Zürich

41-44-252-59-49

3/15~10/31 9:00~18:00
11/1~3/14 10:00~17:00

www.kirche-zh.ch

그로스뮌스터 대성당
(Grossmünster)의 두 개의 탑은 리마트 강과 어우러져 아름다운 풍경을 자아낸다. 성당 내의 지하 무덤은 이곳에서 가장 오래된 곳으로 그 역사는 11세기 말에서 12

취리히 서부 지역
Zürich West

기차역 앞에서 Werdhölzli나 Frankental 방면으로 가는 13호 전차를 타고 Escher- Wyss- Platz에서 내린다.

취리히의 서부 지역(Zürich West)은 런던의 웨스트엔드(West End)처럼 예술과 유흥업이 발달한 곳으로 역사는 짧지만 최근 몇 년 전부터 젊은이들이 활기를 뿜어내기 시작한 곳이다. 원래 노동자 계층이 많은 공업 지대로, 커다란 공장들이 즐비했고 밤에는 인적이 드물었지만 조선공장(Scchiffbau-Halle) 건물을 예술센터(내부에 소극장, 공연장, 재즈바, 포스트모던풍의 식당이 있다.)

로 개조한 후 다채로운 식당들이 줄줄이 들어섰고 지금은 명실상부한 문화의 메카로 자리 잡았다.

세기 초까지 거슬러 올라간다. 나머지는 리마트 사람들이 십자군 원정 시기에 지은 것이다.

16세기 종교 개혁가 츠빙글리 (Zwingli, 1484~1531)는 이곳에서 설교를 하며 '기도와 노동(Pray and Work)'에 관한 주장을 펼쳤다.

 쇼핑

반호프슈트라세
Bahnhofstrasse

◆P37A2

유럽의 쇼핑 매니아라면 취리히 중앙기차역에서 호반역 앞까지 뻗어진 1.4km 남짓의 명품 거리를 알 것이다. 세계적 브랜드의 최신 스타일 옷과 쥬얼리 숍에서부터 백화점까지 다채로운 쇼핑 아이템들이 행인들의 발길을 끈다. 특히 이곳은 전차와 보행자만 들어갈 수 있는 차 없는 거리이기 때문에 쇼핑객들은 더 자유롭게 쇼핑을 즐길 수 있다.

동시에 이곳은 취리히 관광 루트 중 하나로 길을 따라가면 파라데플라츠(Paradeplatz)를 지나게 되고, 전차의 교차로와 사람들이 열광하는 오랜 역사의 스위스 초콜릿 숍 슈프륑글리(Sprüngli)를 만난다.

또 리마트 강 방향으로 가다보면 만나는 구시가 지역에서는 고풍스러운 옛 건물 외에도 독특한 작은 매장들을 볼 수 있다.

슈프륑글리 제과점
Confiserie Sprüngli

P37B2
Bahnhofstrasse 21 Zürich
41-44-224-47-11
41-44-224-47-35
월~금요일 7:00~18:30,
토요일 7:30~17:30
www.confiserie-sprungli.ch

스위스 초콜릿은 전 세계적으로 유명하다. 특히 슈프륑글리 제과점(Confiserie Sprüngli)은 스위스 초콜릿 역사상 상당히 중요한 역할을 해 왔다. Confiserie Sprüngli는 1836년 취리히에서 개점하였고, 1859년 현재 위치로 이전하였다. 한편엔 커피와 차를 마실 수 있는 공간이 있고, 안쪽에는 핫 초콜릿을 마시는 세련된 차림의 노부인들로 붐비는 광경을 자주 볼 수 있다. Sprüngli는 취리히에 12개의 분점이 있고, 공항과 기차역에도 분점이 있다. 그 중에서 가장 규모가 큰 지점은 바로 파라데플라츠 지점이다. 판매 제품의 90%가 직접 만든 수제 초콜릿으로, 50종류의 다양한 맛이 있다. 초콜릿 외에 군침을 돌게 하는 케이크와 파이, 스낵, 쿠키 등도 판매하고 있다. 더불어 정교한 포장은 더욱 더 구매 욕구를 자극한다.

가장 인기 있는 제품은 반드시 24시간 내에 먹어야 하는 Truffe du jour이다. 그 밖에 초콜릿, 모카, 산딸기 맛의 Luxemburgerli 역시 추천할 만하다.

기차역 마켓
Market in Train Station

2~6월 중순, 8월 중순~11월,
매주 수요일 11:00~20:00

취리히 기차역에서는 지하 3층의 아케이드 외에도 매주 수요일마다 농산물 장터가 열린다. 스위스 보험 공사가 임대하여 여는 시장으로 비교적 저렴한 가격으로 신선한 제품을 판매하고 있어 많은 사람들이 이곳을 찾고 있다.

판매하는 제품은 농부들이 직접 자신이 가지고 온 농산품과 치즈,

빵, 절인 고기, 소시지, 올리브, 즉석에서 만드는 샌드위치 등이고 심지어 이국적 음식까지 있어 흥취를 한껏 돋운다.

식당

블린데쿠
Blindekuh

⌂ Mühlebachstrasse 148
☎ 41-44-421-50-50
🖷 41-44-421-50-55
@ zuerich@blindekuh.ch
🌐 www.blindekuh.ch

블린데쿠(Blindekuh)는 전 세계 최초의 맹인 식당으로 수도원 건물 내에 있다. 식당에 들어서면 먼저 카운터에서 주문을 해야 한다. 왜냐하면 식당에 들어간 후에는 아무것도 볼 수가 없기 때문이다. 식당 안은 칠흑같이 어둡고 종업원과 주방장 모두가 맹인을 컨셉으로 하고 있어 식당에 오는 손님들은 맹인의 세계를 체험할 수 있다. 모든 것들을 소리 또는 감각으로 반응해야 하는 것이다.

주방장의 도마질 소리와 사람들의 웃고 떠드는 소리 모두가 이 식당이 모티브로 하는 예민하고 섬세한 체험이다. Blindekuh는 취리히에서 매우 유명해서 예약하지 않으면 자리를 구하기가 쉽지 않다. 눈이 안 보이는 가운데, 음식을 먹거나 물 컵을 집는 것 모두가 하나의 도전이 될 것이다.

외펠 차머
Oepfel Chammer

🜚 P37B1
⌂ Rindermarkt 12
☎ 41-44-251-23-36
⌚ 10:30~00:30
㉧ 일요일, 월요일
💲 메인 요리 CHF30부터

전통적이고 고풍스러운 분위기의 이 식당은 구시가의 중심에 있다. 이 식당은 스위스 저명한 시인 고트프리트 켈러(Gottfried Keller, 1819~1890)의 젊었을 적 생가를 마주하고 있을 뿐 아니라 취리히에서 가장 오래된 술집으로 알려져 있어 사람들이 많이 찾는다.

식당은 전통 목재 식으로 지어진 가스트슈투베(Gaststube)와 우아한 느낌의 현대식 식당

인 취리-슈튀블리(Zuri-Stübli)로 나뉘어져 있다. 지금의 경영자는 벌써 삼대 째 이 가업을 이어받아 오십여 년 동안 줄곧 최고급 서비스와 품질을 유지해오고 있다. 그래서 이곳은 취리히에서 가장 인기 있는 식당 중 하나가 되었다.

메뉴에는 영어가 적혀져 있고, 애피타이저에서 메인요리, 디저트에 이르기까지 그 맛은 매우 훌륭하다. 가격은 중상의 고급 식당 수준에 속한다.

H. 슈바르체나흐
H. Schwarzenach

P37B1

Münstergasse 19

41-44-261-13-51

취리히의 구시가에는 다양한 매장들이 모여 있고, 그중에는 독자적 브랜드의 커피와 차를 파는 독특한 카페도 있다. 실내의 심플한 색조는 포스트 모더니즘 스타일의 설계에 맛을 더하고, 10개의 탁자가 있는 작은 공간은 비좁다는 느낌보다는 따뜻하고 온화한 느낌을 준다. 저(低)카페인 커피를 표방하고 있지만 커피의 향은 매우 그윽하고 깊다. 커피와 차 모두 이곳의 주요 제품으로, 꽃잎차와 단품차를 포함한 십 여 종류의 차는 매우 아름다워 선택하기가 쉽지 않다.

티비츠
Tibits

Seefelstrasse7, 8008 Zürich

41-44-250-74-44

41-44-250-74-45

월~목요일 6:30~00:00,
금요일 8:00~00:00,
토요일 9:00~00:00

info@tibits.ch

www.tibits.ch

벨뷔(Bellevue) 광장 부근에 위치한 이 식당은 채식 셀프 식당

레스토랑 크로프
Restaurant Kropf

P37B2

In Gassen 16

41-44-221-18-05

월~토요일 11:30~23:00

유구한 역사의 이 식당은 파라

도 가능하다. 메뉴는 다양한 샐러드, 인도 채소 요리, 감자, 구운 전병, 피자 등 고기가 들어가지 않는 요리들이다.

이 외에도 야채 말이, 쿠스쿠스, 샌드위치, 단 과자, 커피, 차 등의 음료가 있다. 이곳에서는 그저 쟁반을 들고 와서 자기가 좋아하는 음식을 고른 다음, 카운터에서 계산하면 끝이다. 가장 좋은 점은 당연히 독일어를 하지 않고도 맛있는 음식을 먹을 수 있다는 것이다!

의 전형이다. 세련되면서도 젊고 경쾌한 인테리어는 편안한 의자와 선명한 색채의 중앙 바와 매우 잘 어울린다. 지나가던 사람들도 그냥 지나치기가 쉽지 않다. 이곳에서 식사를 해도 되고 포장

데플라츠 부근에 있다. 1444년부터 크로프(Kropf)라고 불렸으며 높게 솟은 지붕과 다양한 금색 벽화는 취리히 가극원의 뒤를 이어 19세기의 전형을 가장 잘 갖추고 있다.

이 식당은 스위스 전통 요리와

질 좋은 음식을 제공함으로써 명성을 유지하고 있다. 오후 티타임 때 이곳에 들러 기품 있는 분위기를 느끼며 잠시 쉬었다 가는 것도 좋을 것이다.

숙박

Lady's First

🚋 기차역 앞에서 4번 전차 탑승 후 Feldeggstrasse에서 하차.
🏠 Mainaustrasse 24
☎ 41-44-380-80-10
📠 41-44-380-80-20
@ info@ladysfirst.ch
🌐 www.ladysfirst.ch

　이름 그대로 여성 전문 서비스를 제공하는 여성 우대 호텔이다. 이 호텔에는 총 28개의 객실과 휴게실, 식당이 있고, 옥상에서는 태닝을 할 수도 있다. 매우 세련되고 섬세한 인테리어는 시각적 만족과 함께 쾌적함을 준다. 그리고 작은 지역의 친절과 서비스를 손쉽게 체험해 볼 수도 있다. 가격은 비싼 편이지만 이렇게 친절한 여성 전문 호텔은 전 세계에 몇 곳 없기 때문에 기회가 된다면 이곳에서 하룻밤 묵는 것도 좋을 것이다.

Zic-Zac Rock Hotel

🔺 P37B1
🏠 Marktgasse 17
☎ 41-44-261-21-91
📠 41-44-261-21-75
🕐 식당
　월~수요일 11:00~24:00, 목요일 11:00~01:00,
　금~토요일 11:00~04:00
💲 CHF75~CHF160
@ doerfli@ziczac.ch
🌐 www.ziczac.ch

　호텔에서 락을 한판 즐겨보고 싶은가? 취리히의 이 독특한 호텔은 락 스타일로 가득하다. 51개의 객실에는 전부 핑크플로이드, 퀸, U2, 비틀즈, 더 폴리스, 밥 딜런, 루 리드, 밥 말리, 데이빗 보위 등 세계 유명 락 스타들의 이름이 붙여져 있다. 객실마다 등급과 가격이 다르고, 객실이 다 차지 않았을 경우에는 자기가 좋아하는 락 가수의 방을 골라 묵을 수 있다.

　호텔의 일층 식당에서 제공하는 맛있는 음식과 각종 술을 마시며 현장에서 DJ가 틀어주는 음악에 몸을 맡기면 열정적인 밤을 보낼 수 있을 것이다.

Golden Arch Hotel Zürich Airport

Flughofstrasse 75
41-44-828-86-87
infozh@goldenarchhotel.com
www.goldenarchhotel.com
41-44-828-86-86
CHF174

전 세계 최초의 맥도날드 호텔은 스위스에 두 군데가 있는데 그중 하나는 취리히 공항 근처에 있다. 호텔은 어디서든 보이는 황금색 아치형 다리를 마스코트로 삼고 있고, 객실 내의 침대까지 그 모양을 본 떠 만들었다. 이 밖에 TV, 인터넷, 게임, 각종 접이식 앵글의 침대가 있고 개인 짐을 차까지 실어다 주는 서비스를 제공하고 있다.

아침식사로 전형적인 맥도날드 음식을 고르거나 인테리어가 훌륭한 식당에서 셀프 코너를 이용할 수도 있다. 그리고 호텔은 여행객들의 호텔과 공항, 시내 사이의 편리한 이동을 돕기 위해 특정 시간에 소형 유료 버스를 운행한다.

Hotel Montana
P37A2
Konradstrasse 39
41-43-366-60-00
CHF101~CHF269
www.bestwestern.ch

Hotel Kindli
P37B2
Pfalzgasse 1
41-43-888-76-76
CHF210~CHF340
www.kindli.ch

Hotel Adler
P37B1
Rosengasse 10
41-44-266-9696

CHF92.5~CHF190
www.zuerich.com

Hotel California
P37B1
Schiffände 18
41-44-262-40-50
CHF140~CHF245
www.hotel-california.biz

Hotel Poly
P37A1
Universitätstrasse 63
41-44-362-94-40
CHF90~CHF140
www.hotel-poly.ch

체르마트

Zermatt

해발 1,620m의 체르마트(Zermatt)는 옛날부터 자급자족해온 왈리아 주(州)의 전형적인 작은 산골 도시이다. 1820년부터 체르마트 주위의 산봉우리를 정복하기 위해 끊임없이 오는 등산객들은 이곳을 관광 명소로 만드는데 한몫했고, 고르너그라트 등산 철도가 개통된 후 기차를 타는 것만으로 마터호른을 포함한 29개 산봉우리의 웅장한 경치를 감상할 수 있게 됨으로써 명실상부한 관광 명소로 거듭났다.

케이블카와 등산열차를 타고 경치를 감상하는 것 외에도 체르마트는 레저 스포츠의 천국으로, 하이킹에서부터 스키, 헬리스킹까지 있어야 할 것은 모두 갖추고 있다. 산촌의 신선하고 깨끗한 특색을 보존하기 위해 체르마트는 자동차 통행금지 정책을 실행하고 있어 이곳에 오면 마차를 타는 고풍스러운 경험도 할 수 있다.

정보

◎체르마트 가는 길

기차를 타고 브리그(Brig)나 비스프(Visp)에서 체르마트로 가는 BVZ 철도 회사의 열차로 갈아탄다. 스위스 패스를 가진 승객은 추가 요금 없이 바로 갈 수 있다. 브리그와 비스프에서 체르마트로 가는 열차는 매 시간 있으며, 브리그에서 체르마트까지는 1시간 30분, 비스프에서는 1시간 10분이 소요된다. 이외에도, 체르마트는 빙하 특급 열차의 종점이기도 한데 생 모리츠에서 열차로 8시간 걸린다.

체르마트의 자동차 통행금지법 때문에 차를 가지고 올 경우에는 체르마트에서 5km 떨어진 타슈(Täsch)의 공용주차장에 세워놓고 20분마다 있는 열차를 타면 된다.

41-27-927-74-74　　　www.mgbahn.ch

◎시내 교통

체르마트 도시 면적은 크지 않다. 시내의 명소와 정류장들도 모두 걸어서 갈 수 있는 거리에 있어 매우 편리하다. 만약 차를 탄다면 전동버스 외에도 기차역 광장에서 전동 택시와 마차를 이용할 수 있고, 호텔 역시 전동차로 픽업을 해 주기 때문에 매우 편리하다.

◎체르마트 여행센터

Train station square, CH-3920 Zermatt

41-27-966-81-00　　　41-27-966-81-01

info@zermatt.ch　　　www.zermatt.ch

◎알프스 고산 가이드 센터 Alpin Center

Postfrach 403, CH-3920 Zermatt

41-27-966-24-60　　　41-27-966-24-69

alpincenter@zermatt.ch　　　www.zermatt.ch/alpincenter

알프스 고산 가이드 센터에서 각종 고산활동에 필요한 안내를 받을 수 있으며 고산 활동에 필요한 정보도 얻을 수 있다.

Matterhorn
Gotthard Bahn
고르너그라트 철도
Gornergrat-Bahn
Getwingstr
Hotel Bahnhof
Wiestistrasse
Hotel Welschen
Seilerwiesenweg
Obere Mattestr
수네가 천철
Sunnegga Express
Brantschenhusstr
Hofmaststr
Hotel Metropol
반호프슈트라세 Bahnhofstr.
Alpin Center
Hotel Bella Vista
힌터도르프 Hiterdarf
H interdorfstr
Englischer Viertel
Steinmattstr
Riedstr
천주교 성당
Katholische Kirche
Kirchstr
Hotel Couronne
올드 체르마트
Old Zermatt
Oberdorfstr
Bachstr
Mattervispa
Schluhmattstr
Luchenstr
N
체르마트
0   100   200m
A   B
기호   인포메이션 센터   기차역   명소   교회   식당
A   B

고르너그라트 등산 철도
Gornergrat Bahn(GGB)

⏍ P51

🏠 Bahnhofplatz, CH-3920 Zermatt

☏ 41-27-921-47-11

🖷 41-27-921-47-19

🕐 악천후일 때를 제외하고 매일 차 운행을 한다. 배차 간격은 20분이며 종점까지 약 43분 정도 소요된다. 매일 운행 시간은 계절에 따라 다르므로 먼저 인터넷을 통해 알아보는 것이 좋다.

💲 Zermatt-Gornergrat 편도 CHF36, 왕복 CHF72, 9~16세 50%할인

@ info@gornergrat.ch

🌐 www.gornergrat.ch

가까운 곳에서 마터호른(Matterhorn, 4,478m)을 안아 보고 싶다면, 고르너그라트 등산 철도(Gornergrat Bahn)를 놓쳐서는 안 된다. 1989년부터 이 철도는 마터호른에 가기 위한 대다수 등산객의 제1의 선택이었다. 또한 스위스 내 첫 번째 래크레일 식 전동열차이다.

고르터그라트 철도 주변 하이킹
Hiking in Gornergrat Bahn

⏍ P51

🧭 고르너그라트 등산 열차의 종점이나 Rotenboden역에서 하차 후 하이킹 할 수 있다.

고르너그라트 주변엔 많은 하이킹 코스가 있는데 난이도가 높지 않고 수준별로 분류가 잘 되어 있어 각자 체력에 맞는 코스를 선택할 수 있다. 길을 따라 알프스 산 경치를 감상할 수 있을 뿐 아니라, 바람 따라 흔들리는 호수 부근의 고산 식물도 볼 수 있어 매우 유쾌하다. 운이 좋으면 방목하는 양떼나 야생 마멋을 볼 수도 있다. 작은 언덕 위엔 여행객이 소원을 빌며 쌓아놓은 돌무더기들이 남아 있다. 시간이 되면 직접 소원을 빌며 돌멩이 하나를 올려 보자. 재미가 상당하다.

하이킹을 처음해 보는 관광객에게는 대략 2시간 정도 걸리는 고르너그라트 종점에서 리펠베르크(Riffelberg)까지의 코스를 추천한다. 또는 로텐보텐에서 하차하여 리펠베르크로 가는 약 1시간 정도의 코스도 괜찮다. 그 외의 하이킹 코스는 여행 센터의 하이킹 관련 자료를 참고하자.

고르너그라트 등산 열차를 타고 43분 정도 이동하면 종점인 고르너그라트(Gornergrat, 3,089m)에 닿는다. 열차에서 마터호른을 오른편에 두는 자리를 선택하자. 다양한 각도에서 마터호른의 장엄한 형세를 감상할 수 있다.

종점의 전망대에서는 마터호른을 비롯하여 유럽에서 두 번째로 높은 몬테로사 주위의 아름다운 경치와 일 년 내내 녹지 않는 빙하를 감상할 수도 있으니 이 모든 것이 아름다운 추억이 될 것이다.

체르마트 하이킹 코스

리펠 호수
Riffelsee

🔄 고르너그라트 노선의 Rotenboden에서 도보 5분

리펠 호수(Riffelsee)는 겨울에 얼었던 눈이 녹아서 형성된 호수로 사람들은 근처의 호수들 중 리펠 호수를 최고로 여긴다. 그 이유는 호수의 면적이 비교적 크고 다른 호수와 달리 호수물이 증발하여 사라지는 신기한 광경 때문이다. 마터호른과 마주하고 있는 리펠 호수는 산의 그림자를 담고 있어 자연이 만들어 낸 꿈같은 경치를 카메라에 담아가려는 여행객들을 유혹하고 있다.

클라인 마터호른
Klein Matterhorn

🔺 P51

🔄 체르마트에서 등산 케이블카를 타고 Furi 또는 Trockener Steg에서 갈아탄다. 25분 후 도착

🏠 정거장은 체르마트의 북쪽에 있고 성당을 지나 북쪽으로 500m정도 가면 도착

💲 41-27-966-01-01

📠 41-27-966-01-00

🕐 날씨가 안 좋을 때를 제외하고 항시 개방한다. 매일 운행 시간은 계절에 따라 다르므로 먼저 인터넷에서 찾아보는 것이 좋다.

💲 Zermatt-Klein Matterhorn 편도 성인 CHF54, 아동 CHF27, 왕복 성인 CHF84, 아동 CHF42, 작은 역 간의 자세한 표 가격은 인터넷에서 알아볼 수 있다.

@ matterhornparadise@zermatt.ch

힌터도르프
Hinterdorf

🔺 P49A2

반호프슈트라세에서 동쪽으로 이어지는 힌터도르프(Hinterdorf)에 가면 눈에 띄는 것은 오래된 목조 건물들이다. 17~18세기의 이 건물들은 왈리아 주(州)의 독

www.bergbahnen.zer-matt.ch/e/peaks/klein-matterhorn.html

클라인 마터호른(Klein Matter-horn, 3,885m)에 있는 높이 3,820m의 케이블카 정류장은 현재 유럽에서 가장 높은 케이블카 정류장이다.

해발 고도가 높기 때문에 클라인 마터호른의 정상은 일 년 내내 온도가 낮고, 이 때문에 이곳은 여름에도 스키를 즐길 수 있는 명소가 되었다.

체르마트에서 클라인 마터호른까지는 반드시 퓨리(Furi)와 트로케너 슈테그(Trockener Steg)에서 차를 갈아타야 한다. 또 이곳에서 타는 3가지 종류의 케이블카는 신선한 재미가 있다. 날씨가 좋을 경우, 정상에서 멀리 28개의 알프스 산맥 봉우리를 볼 수 있다. 만약 더 가까이에서 클라인 마터호른을 감상하고 싶다면 슈바르츠 호수(Swhwarzsee)로 가는 케이블카로 갈아타면 된다. 산과 호수가 어우러진 전형적인 클라인 마터호른을 볼 수 있을 뿐 아니라 가장 가까운 거리에서 클라인 마터호른을 볼 수 있는 곳이기도 하다. 만약 또 다른 각도에서 감상하고 싶다면 슈타펠알프(Staffelalp)쪽으로 한 시간 정도 하이킹을 해도 좋다.

특한 가옥으로 과거에는 물건을 저장하거나 가축을 기르는 우리로 쓰였다.

외관만으로도 이 예쁜 건물의 용도를 한 눈에 알아볼 수 있다. 중간에 둥근 석판이 있는 방은 씨앗을 쌓아두던 창고였으며 둥근 석판은 쥐가 들어오는 것을 막아주었다고 한다.

1층은 돌을 쌓아 만든 작은 방으로 눈이 깊이 쌓이기 때문에 냉장의 효과가 있어 부패하기 쉬운 식품을 보관하였다. 마지막으로 작은 창문이 있는 방은 말과 양을 기르던 곳이었다.

수네가 하이킹
Hiking in Sunnegga

P51
Standseilbahn Zermatt-

Sunnegga AG, CH-3920
Zermatt
41-27-966-29-29
8:00~17:30 (악천후로 차 운

천주교 성당
Kathodische Kirche

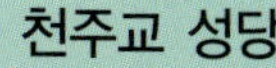

● P49A2

반호프슈트라세 거리의 끝에 위치한 천주교 성당(Kathodische Kirche)은 1931년에 지어진 것으로, 오늘날까지도 여전히 체르마트의 중요한 행사 장소이다. 때문에 성당 앞의 광장에서는 음악회 등이 열리기도 한다.

성당 뒤쪽에 있는 작은 기념 묘지에서는 돌을 이용해 산에서 사고를 당한 등산객들을 애도한다. 또한 별세한 유명 산악인들은 이곳에서 깊은 잠을 자고 있다.

Rothorn 등산 케이블카
www.rothorn.com

수네가 전철(Sunnegga express)을 타고 3분이면 높이 2,300m의 수네가에 도착한다. 수네가는 체르마트 하이킹 코스의 절경 중 하나이다. 처음 오는 것이 아니라면, 신선한 코스를 직접 찾아봐도 좋다.

이곳엔 대략 1~3시간 정도 걸리는 재미있는 하이킹 코스가 매우 많다. 그중에는 높은 산과 호수, 그리고 알프스 산의 꽃길을 잇는 코스도 있다. 이외에도 마터호른의 독특한 경치를 감상할 수 있는, 2001년 개통한 전경 관람 코스(The panorama path)도 있다. 약 한 시간 반 정도 소요된다.

행이 정지될 때 외)
⑤ 체르마트–수네가 왕복
CHF22
체르마트–로트호른 왕복
CHF59
⑪ Sunnegga 전철
www.sunneggaexpress.ch

쇼핑

반호프슈트라세
Bahnhofstrasse

반호프슈트라세 (Bahnhofs-trasse)는 체르마트 기차역에서 남쪽 천주교 성당까지 뻗어있다. 500m가 채 되지 않는 거리에 각양각색의 등산·운동 용품 매장, 기념품점, 식당, 호텔 등이 빽빽이 들어서 있어 눈을 어디에 둬야 할지 모르겠다. 특히 등산 용품은 옷과 모자에서부터 스키, 가방에 이르기까지 있어야 할 것은 다 갖추고 있다. 제품의 종류가 다양하고 가격 또한 저렴하여 등산을 좋아하는 사람은 세심히 구경하면, 괜찮은 제품을 구할 수

있다.

이 외에도 하절기 오후에는 이따금 여행 센터에서 스위스 전통 음악회를 열어 관광객의 눈길을 끈다.

식당

리펠베르크 호텔 레스토랑
Hotel Restaurant Riffelberg

- P51
- Auf 2500 mü. M, CH 3920 Zermatt
- 41-27-966-65-00
- 41-27-966-65-05
- 12월 중순~4월, 6월 중순~10월 초
- 요리는 CHF10부터, 숙박비는 계절에 따라 다르다. CHF160~CHF380
- riffelberg@zermatt.ch
- www.matterhorngroup.ch

리펠베르크 호텔 레스토랑 (Hotel Restaurant Riffelberg)은 인기 만점의 레스토랑으로, 식사 시간이 되면 많은 등산객이 와서 휴식을 취하고 식사를 즐긴다. 주로 체르마트식 요리가 많은데 식사와 함께 나오는 호밀빵 (Roggenbrot, 러겐브로트)은 꼭 먹어보자. 이 지역 사람의 말에 의하면 체르마트의 주식인 이 빵은 반년 정도 보관할 수 있기 때문에, 겨울을 나는데 필수적이라고 한다. 하지만 빵이 조금 딱딱하기 때문에, 뜨거운 스프에 찍어 먹으면 더 맛있다. 이 외에도 알프스 향료 스프(Alpenkräuterschaumsüppchen), 왈리스 빵 (Wallier Teller mit Roggenbrot) 모두 매우 토속적이고 맛있는 요리로 먹어볼 만하다.

올드 체르마트
Old Zermatt

- P49A3
- Kirchstrasse 15, 3920 Zermatt
- 41-27-967-61-11
- 요리 CHF15부터

Hotel Couronne의 부설 식당으로, 스위스 전통 요리를 제공한다. 보통 체르마트의 호텔은 2식(조식, 석식)을 제공한다. 다시 말하면 객실 비용에 아침식사가 포함되어 있어 추가요금을 조금만 내면 저녁 식사를 할 수 있다는 것이다. 물가가 비싼 스위스에서 상당히 경제적인 방법이다.

올드 체르마트(Old Zermatt)에서 제공하는 스위스 전통 요리에는 기본 정식 외에도 치즈와 고기를 다져 넣은 전병(Walliserteller), 찐 치즈, 계란을 곁들인 빵(Walliser Käseschnitte)과 바비큐 꼬지(Fleischspiess mit Kräuter butter) 등의 요리가 있다.

Hotel Couronne
- P49A2
- Gebrüder Julen, Kirchstrasse 15
- 41-27-966-23-00
- CHF112~CHF310
- www.hotel-couronne

Hotel Metropol
- P49B1
- Franziska und Gabriel Taugwalder-Krähenmann
- 41-27-966-35-66
- www.zermatt.ch

Hotel Bella Vista
- P49B2
- Riedstrasse 15, Fam. Götzenberger
- 41-27-966-28-10
- CHF72~CHF134
- www.zermatt.ch

Hotel Welschen
- P49B1
- Wiestistrasse 44
- 41-27-967-54-22
- CHF80~CHF174
- www.zermatt.ch

Hotel Bahnhof
- P49A1
- Bahnhofstrasse
- 41-27967-24-06
- CHF65~CHF90
- www.hotelbahnhof.com

쿠어

Chur

알프스 산맥의 남쪽으로 향하는 대로는 모두 쿠어(Chur)를 통하고, 또 라인 강 충적 평원의 시작점이어서 쿠어는 예로부터 스위스 동부의 주요 관문이었다. 쿠어는 중세의 느낌이 가득한 도시이다. 1464년, 대화재로 많은 것이 파괴되었으나, 독일어권에서 온 예술가와 기술자들이 당시 가장 유행하던 북이탈리아 석조 건축 양식으로 도시를 재건하여 쿠어 전체를 새로운 고딕식 도시로 탈바꿈해 놓았다. 대화재는 쿠어의 용모를 바꾸어 놓았을 뿐 아니라 역사를 새로 썼다. 쿠어는 로망스 문화를 가진 동시에 북이탈리아 풍의 외관을 갖춘, 그리고 독일어로 소통하는 재미있는 도시가 되었다.

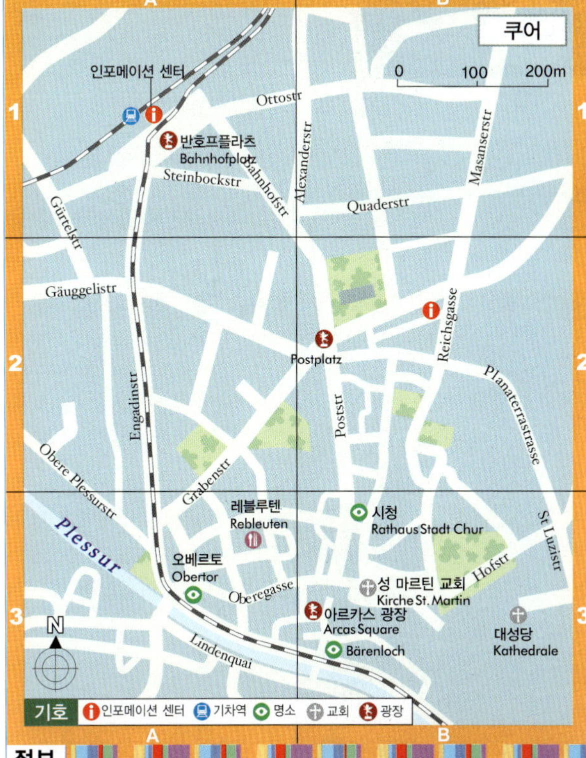

◎쿠어 가는 길

1. 쿠어는 그라우뷘덴 주(州)의 주요 기차 환승역이다. 빙하 특급과 베르니나 특급, 아로사(Arosa) 열차 모두가 이 역을 지난다. 취리히에서 쿠어까지 오는 열차는 매일 4회 운행하며 한 시간 반 정도 소요된다. 루체른에서 쿠어까지는 매일 4회 운행하고 2시간 10분 정도 소요된다.

2. 쿠어의 구시가는 보행지역으로 자동차는 반드시 구시가 외의 공용 주차장에 세워두어야 한다. 대중 교통을 이용하려면 시내 반호프플라츠의 버스, 열차 환승역을 이용하면 된다.

◎쿠어 여행센터

 abenstrasse 5, CH 7000 Chur

 41-81-252-18-18

 41-81-252-90-76

 info@churtourismus.ch

 www.churtourismus.ch

시청
Rathaus

● P59B3
● 기차역 앞 Bahnhofstrasse

구시가
Old Town

현재 쿠어 구시가(Old Town)의 건

에 가다보면 Poststrasse와 만난다. 시청은 그 왼편에 있다.

1464년 발생한 역사적 대화재에 당시 쿠어의 시청도 무사할 수 없었다. 지금의 시청(Rathaus)은 성령병원(Spital Zum HI Geist)을 기초로 하나하나 시공하여 세운 것이다.

물들은 대부분 16세기에 지은 것이다. 1464년 쿠어 대화재 때 목조 건물이 대부분 소실되었기 때문에 새로 건설할 당시에는 돌을 사용하는 북이탈리아 고딕 건축 양식을 도입하여 건축하였다. 이로 인해 쿠어는 매우 독특한 도시 경관을 지니게 되었다.

쿠어의 구시가를 지날 때, 거리에 있는 건물 벽의 벽화를 주의해서 보자. 벽화를 유심히 보면 건물들이 과거에 어떤 일을 하던 곳이었는지 알아낼 수 있을 것이다.

이 밖에 야생 산양의 그림도 있다. 산양은 알프스 고산지대에 살고 있으며 스위스에서는 '자유'를 의미한다.

오베르토
Obertor

● P59A3

중세 쿠어는 사방에 성벽과 성문이 있었다. 현재는 두 개의 성문이 남아 있어 그 모습을 추측해 볼 수 있는데, 그중 하나가 오베르토(Obertor)이다. 오베르토는 그 형태와 색상, 역사적 의미 덕분에 현재 쿠어를 대표하는 건축물 중 하나가 되었다.

1583년 지어진 오베르토는 과거 사람들이 드나들던 쿠어의 주요 관문이었다. 낮에는 사람들이 지나는 왁자지껄한 통로였고, 밤에는 성내

시민의 안전을 지켜주었다. 지금도 오베르토는 여전히 이러한 전통을 유지하고 있다.

시청 안으로 들어가 관람할 수 있는 곳 중에는 국회의사당이 가장 흥미롭다. 스위스는 직접민주제와 하프칸톤(half-canton) 제도로 전 주의 사람들이 거수를 하여 주요 안건을 결정하는 전통이 있다. 지금도 그 전통을 지키고 있으며 매년 주요 안건을 결정하는 11차례의 국회가 열린다.

명소

대성당
Kathedrale

🔺 P59B3

쿠어는 5세기부터 천주교 교구였기 때문에 대성당(Kathedrale)은 천주교도들의 성지순례 장소 중 하나가 되었다. 12세기에 착공된 대성당은 백년이 지난 1272년에야 완성되었다. 바로크식의 주교 궁과 신도들의 숙소를 포함한 성당과 정원은 마치 자급자족하는 독립된 성 같다. 옛날, 사방에서 몰려오는 순례자들의 숙소와 일자리를 성당이 해결해 주었기 때문에 많은 신도들이 돈을 번 후에 자진해서 헌납하고 성당을 가꾸었다고 한다. 그래서 성당 내부 장식은 바로크, 고딕 등 다양한 건축 양식을 띠며, 성당 밖의 소박함과 그 차이가 커 매우 재미있다.

비아말라
Viamala

 P63
 3, 4, 11월, 9:00~18:00,
　5~10월, 8:00~19:00
 성인 CHF5,
　6-16세 CHF3

　비아말라(Viamala)는 원래 '험준한 길(Bad Road)'이라는 뜻을 지니고 있어 이름에서부터 험준한 정도를 알 수 있다. 이곳은 라인 강 상류의 깊은 계곡 지대로 1473년에 교통이 개통되었다.

　과거에 비아말라는 이탈리아와 스위스의 교통 요충지였다. 베니스 상인들이 스위스 경내로 진입하려면 반드시 비아말라의 북쪽으로 가는

길을 택해야 했는데 지형의 험준함 때문에 많은 사람이 실족하여 계곡으로 떨어지곤 했다. 이 때문에 비아말라는 '악마'라는 의미도 가지게 되었다.

　비아말라의 깊이는 250~300m

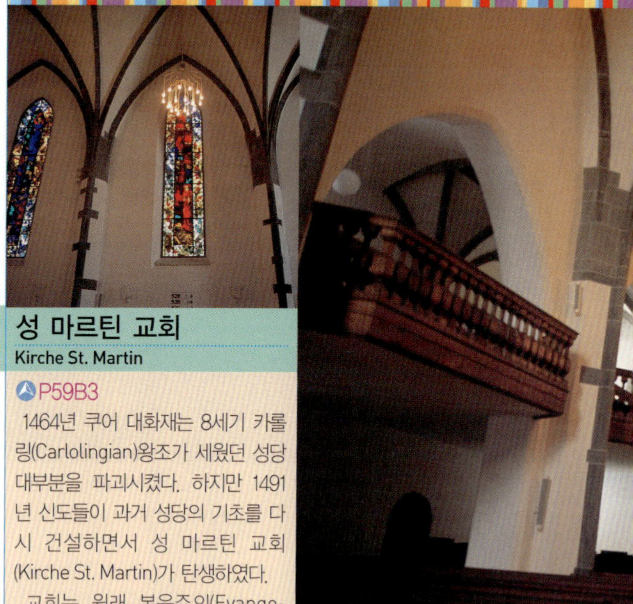

성 마르틴 교회
Kirche St. Martin

 P59B3

　1464년 쿠어 대화재는 8세기 카롤링(Carlolingian)왕조가 세웠던 성당 대부분을 파괴시켰다. 하지만 1491년 신도들이 과거 성당의 기초를 다시 건설하면서 성 마르틴 교회(Kirche St. Martin)가 탄생하였다.

　교회는 원래 복음주의(Evangelisch) 종파였다. 그러나 주교가 대화재 복구 재건축에 냉담하자 신도들은 반감을 품게 되었고, 1526년 정식으로 신교로 개종하게 되면서 쿠어는 천주교와 개신교가 공존하는 도시가 되었다.

성 마르틴 교회에서 가장 눈에 띄는 것은 하늘을 떠받들고 있는 첨탑이다. 이것은 1918년 지어진 것으로 재미있는 것은 당시 교인들이 자신들의 신앙이 하나님과 더 가까

사이이다. 321개의 계단을 내려가서 계곡의 바닥에 닿으면 그제서야 동굴 하나하나를 관찰할 수 있다. 아래는 빙하가 녹아 형성된 회청색 계곡물이 세차게 흐르고 있는데 이 역시 놓칠 수 없는 장관이다.

비아말라를 건널 수 있는 70m 높이의 돌다리는 1739년에 지어졌다. 과거에는 다리 아래까지 물이 찼다고 하니 그 정도를 다 헤아릴 수 없는 대자연의 힘은 사람들을 연신 감탄하게 한다.

이 있음을 드러내기 위해 천주교 성당보다 더 높은 첨탑을 세웠다는 것이다.

이 밖에 교회 안에는 어거스토 자코메티(Augusto Giacometti)가 1919년에 제작한 3개의 스테인드글라스 창이 있다. 그리스도 탄생 신화를 표현한 이 작품은 그 형태가 현대 예술 감각에도 뒤지지 않아 매우 볼 만하다.

P59B3

아르카스 광장(Arcas Square)의 건물들은 보존 상태가 양호하여 중세 쿠어의 아름다움을 잘 나타내고 있다. 오래된 건물들이 이렇게 큰 광장을 둘러싸고 있는 현재로는 1971년 창고가 즐비하여 혼잡했던 광경을 상상하기 어렵다.

과거 아르카스 광장에 있는 대부분의 집들은 모두 쿠어 성벽과 나란히 지어졌다. 세월이 흐르면서 성벽은 다 무너졌지만 집들은 그대로 남아있어 당시 도시 풍경을 상상해볼 수 있다.

지금의 아르카스 광장에는 많은 노천식당과 카페가 들어서 있다. 매주 토요일 아침에는 직거래 장터가 열리고 쿠어의 토산물과 농작물, 특산품들로 광장이 떠들썩해진다.

선사시대 유적
Carschenna

P63

Neudoffstrasse 49. Postfach 55 CH-7430 Thusis

41-81-651-25-63

vvthusis@spin.ch

www.thusis-viamala.ch

보존 구역이기 때문에 차량 통행이 금지된다. Thusis 여행국으로 가거나 여행사에 교통편을 문의해야 한다.

변두리에 있는 이 선사 시대 유적(Carschenna)은 1965년 전신주를 세우던 일꾼에 의해 우연히 발견되었다. 기초 평가서에 따르면 주로 나선모양이 많은 바위그림은 대략 기원전 2000년 석기 시대와 기원전 750년 청동기 시대 말 사이에 제작된 것으로, 종교적 의미이거나 부족 재산의 위치 표시일 가능성이 있다고 한다. 사람 모양, 말 모양의 그림 역시 당시 비아말라를 지나던 부족을 기록해 놓은 것으로 추정된다.

오늘날 영국의 스코틀랜드와 스페인에서도 같은 형태의 선사시대 유적이 발견되었다.

🍴 식당

레블루텐
Rebleuten

⌂ P59A3

🏠 Pasterlatz 1 CH-7000 Chur

💲 41-81-257-13-57

📠 41-81257-13-58

🌐 www.rebleuten.ch

💲 요리 가격은 CHF22부터,
일인실 CHF65부터
2인실 CHF 125부터

건물 외벽의 채색 벽화를 보면 이 호텔 레스토랑의 오랜 역사를 바로 짐작할 수 있고, 안으로 들어가면 중세의 고풍스러운 분위기를 느낄 수 있다.

중세 길드 조직(guild house) 건물을 리모델링하여 만든 이 호텔 레스토랑은 1483년 지어졌고 여전히 중세풍의 인테리어를 유지하고 있다. 특히 옛 풍모를 그대로 간직하고 있는 목재 천장은 1528년부터 지금까지 보존 상태가 아름답고 완벽하다.

풍격 높은 그라우뷘덴 요리와 각종 와인을 갖추고 있어 시간이 있다면 이곳에 와서 전통 스위스 동부 요리를 맛보는 것도 괜찮다.

융프라우

Jungfrau Region

UNESCO 세계문화유산으로 등록된 융프라우(Jungrfau)는 스위스 인기 절정의 관광지이다. 특히 융프라우와 묀히, 아이거를 잇는 산맥과 유럽에서 가장 긴 알레치 빙하는 전 세계 등산객들을 매료시켜 수많은 등산객들이 먼 길을 마다하고 찾아온다.

융프라우는 등산열차와 케이블카로 연결되어 있다. 특히 유럽의 지붕 융프라우로 가는 융프라우 기차가 가장 인기가 좋으며 산을 돌아 고개를 넘어 40분이면 높이 3,454m의 하얀 눈의 세상, 융프라우 역에 도착한다.

정보

◎융프라우 가는 길

융프라우는 외부와 이어진 교통수단이 많으며 그중 인터라켄이 가장 편리하다. 베른에서 열차를 타면 인터라켄까지 약 5분, 루체른에서 출발하면 대략 1시간 50분, 취리히에서 인터라켄까지는 2시간 정도 소요된다.

◎융프라우 열차 티켓 도우미

융프라우는 많은 사람들이 일생에 한번이라도 가보고 싶어 하는 관광 명소이다. 하지만 열차 가격이 말문이 막힐 정도로 비싸서, 저렴하게 가는 방법에 대한 연구 내용으로만 책 한권을 낼 정도이다.

하루 코스로 가고 싶다면 굿모닝 티켓(Good Morning Ticket)을 고려해 봐도 좋다. 당일 융프라우로 가는 첫차를 타면, 오전 중에 산 정상에서 산

을 내려올 수 있다. 굿모닝 티켓 일등실 왕복표 가격은 CHF148.60이다. 이 밖에, 융프라우에서 일주일 정도 머물고 싶거나 하이킹을 하고 싶다면, 융프라우 민영철도연합티켓을 고려해 볼 만하다.

◎인터라켄 여행 센터

Höheweg 37, CH-3800 Interlaken

41-33-826-53-00

41-33-826-53-75

mail@interlakentourism.ch

www.interlakentourism.ch

◎그린델발트 여행 센터

Postfrch 124, 3818 Grindelwald

41-33-854-12-12

41-33-854-12-10

touristcenter@grindelwald.ch

www.grindelwald.com

는 16년에 걸쳐 건설되었다. 아이거의 암벽을 깎아 만든 10km의 구간도 있어 그 공사가 얼마나 힘들었을지 상상할 수 있을 것이다. 이러한 철로를 백 년 전에 건설했다는 것은 도저히 믿기지 않는다.

융프라우 철도
Jungfraubahnen

P67

인터라켄 동부역에서 출발하여 두 갈래로 나뉜다. 서쪽으로 가는 열차는 라우터브루넨을 지나고, 동쪽으로 가는 열차는 그린델발트를 지난다. 두 노선 모두 종착지는 클라이네 샤이덱으로, 이곳에서 융프라우 열차로 갈아타야 한다.

41-33-828-72-33

인터라켄 동부 역–융프라우역, 일등실 왕복 CHF183.8, 이등실 왕복 CHF172.6.

www.jungfrau.ch
융프라우 철도(Jungfraubahnen)

얼음궁전
Ice Palace

P67

융프라우요흐 안에 있는 얼음궁전(Ice Palace)은 빙하 30m 아래를 뚫어 만든 얼음 세상이다. 동굴 자체를 뚫는 것도 고난도 기술을

 전체 길이 12km의 융프라우 철도는 클라이네 샤이덱(Kleine Scheideg)-아이거 빙하(Eiger Glacier) 구간까지만 벌판을 달리고 나머지 구간은 모두 암벽길이다. 열차가 역에서 잠시 정차할 때 승객들은 차에서 내려 관망대에 올라 그린델발트와 빙하를 볼 수 있다. 주의해야 할 것은 가기 전에 먼저 산 정상의 기후를 확인해야 한다는 것이다.

융프라우요흐
Jungfraujoch

P67

높이 3,454m의 융프라우요흐(Jungfraujoch)는 유럽에서 가장 높은 기차역이다. 이 때문에 '유럽의 지붕(Top of Europe)'이라는 애칭도 얻었다.

융프라우(Jungfrau, 4,158m), 묀히(Mönch, 4,099m), 아이거(Eiger, 3,970m)의 웅장한 풍경은 전 세계 여행객들이 먼 길을 마다하고 이곳에 오는 이유이다. 또한 멀리 내다보이는 알레치 빙하(Aletschgletscher)는 더더욱 관광객들을 흥분시킨다.

만약 추억을 남기고 싶다면, 기차역 부설 우체국에서 파는 유럽의 지붕이 그려진 엽서를 사자. 유럽에서 가장 높은 우체국에서 부치는 엽서는 남다른 의미가 있을 것이다.

요하지만 빙하가 매년 아래로 미끄러지기 때문에 몇 년 간격으로 다시 지어야 하는 것도 고된 일이다. 이러한 과정을 거쳐 유지되는 얼음궁전은 그야말로 인력과 자본력의 승리라고 할 수 있다.

이곳에서는 실제로 신기한 빙하 체험을 할 수 있다. 빙하 벽면을 보면 각기 다른 시기에 쌓인 눈의 퇴적을 관찰할 수 있고, 각종 동물 얼음 조각을 볼 수도 있다. 지면이 비교적 미끄러우니 얼음궁전 내에서는 조심해서 걷자.

스핑크스 전망대
Sphinx Terrace

🔺 P67

융프라우요흐에 내려 고속 승강기를 타고 25초 정도 올라가면 높이 3,571m 지점의 스핑크스 전망대(Sphinx Terrace)에 도착한다. 실내에서 밖으로 나오면 숨이 멎을 것 같은 알프스 산의 전경이 당신을 맞이한다. 알프스와 유럽에서 가장 긴, 총 길이 24km의 알레치 빙하와 주변 알프스 산맥도 볼 수 있다. 날씨가 좋을 경우 멀리 독일의 슈바르트발트도 보인다.

스핑크스 전망대는 고도가 높은 곳에 있기 때문에 고산 지대의 매력을 경험하고 싶은 여행객은 반드시 방한복을 준비해 와야 한다.

그린델발트
Grindelwald

🔺 P67

아이거 계곡에 위치한 그린델발트(Grindelwald)는 융프라우로 가는 열차에서 보게 되는 작고 순박한 마을이다. 끝없이 펼쳐진 푸른 초원과 어우러진 풍경 때문에 관광객들은 감탄을 연발하며 이리저리 보느라 정신이 없다.

그린델발트는 융프라우로 가는 교통의 요지일 뿐 아니라 레저 스포츠의 천국이기도 하다. 여름에는 이곳에서 하이킹을 한다. 다양한 하이킹 코스를 선택할 수 있는데 운이 좋으면 산속에서 젖소를 만날 수도 있고, 알프스의 꽃 속으로 푹 빠져들 수 있다. 또 이곳은 유명한 스키장이기도 하므로 겨울에도 역시 와 볼 만하다.

향토 박물관
Heimat Museum

🏠 Oberisch, CH-3818
　Grindelwald

☎ 41-33-853-22-26

🕐 화, 목, 토요일
　15:00~18:00,
　일요일 10:30~12:00,
　15:00~18:00

💲 그린델발트의 호텔들이 제공하는 visit card 소지자는 일인당 CHF3, 그 외 일인당 CHF4

알프스의 향토 문화와 역사를 알고 싶다면 이 향토 박물관(Heimat Museum)이 알려 줄 것이다. 이곳에서는 오래 전에 사용하던 알프스의 각종 농기구, 가구 등을 볼 수 있는데 오래된 물건에 대한 애정으로 관장이 직접 각지에서 수집한 것들이라고 한다. 또 케이블카 건설 초기의 역사 자료와 모형, 당시에 사용하던 스키 등도 이곳에서 볼 수 있다. 기회가 된다면 꼭 관장에게 사용법을 알려달라고 부탁해보자.

루체른

Luzern

루체른(Luzern)은 작은 도시지만 모든 것을 갖추고 있다. 일찍이 8세기 로마 사람들이 이곳에 뿌리를 내렸고 18세기에는 스위스의 수도였다. 현재 루체른은 아름다운 루체른 호수를 이용하여 관광지로 인기를 얻고 있다.

정보

◎루체른 가는 길

루체른까지 가는 열차가 있어 상당히 간편하다. 취리히에서 루체른까지 약 1시간 10분 정도가 소요되고, 제네바에서 열차를 타고 베른에서 갈아타면 약 3시간 20분 정도 소요된다.

◎시내 교통

루체른 관광에 있어서 대부분의 명소는 도보로 둘러볼 수 있다. 만약 거리가 조금 먼 교통 박물관 등에 가고 싶으면, 기차역 앞에서 시내버스를 타면 된다.

◎루체른 여행 센터

⌂ Bahnhofstrasse 3 CH-6002, Luzern

⑤ 41-41-227-17-17　　　Ｆ 41-41-227-17-18

@ luzen@luzen.org　　　Ｗ www.luzern.org

교회당 다리
Kapelbücke

🔼 P71B3

14세기에 지어진 교회당 다리 (Kapelbücke)는 루체른의 상징이다. 당시 루체른을 방어하는 보루였으며 유럽에서 가장 오래된 목재 지붕이 있는 다리로 유명하다.

사자 기념비
Löwendenkmal

🔼 P71B1

🏠 Denkmalstrasse

깊은 잠을 자고 있는 돌사자는 루체른의 상징이다. 사자 기념비 (Löwendenkmal)는 1792년 프랑스 대혁명 당시, 프랑스 국왕 루이 16세 왕실을 보호하기 위해 전사한 스위스 병사들을 기념하기 위해 세운 것으로, 가장 큰 의미는 세계평화를 기원하는 것이다.

유명한 소설가 마크 트웨인은 일찍이 루체른의 돌사자가 세계에서 가장 슬프고 감동적인 기념비라고 찬송한 바 있다.

다리 내부의 천장에는 100폭이 넘는 17세기 스위스 벽화가 있는데, 흑사병과 같은 그 당시 상황을 묘사해 놓은 것이 많으며 매우 정교하다.

1993년 대화재 때, 다리 전부가 타지는 않았지만, 안타깝게도 벽화가 손상되었다. 지금 여행객들이 보는 벽화는 사고 후 보수하여 만든 모조품이다.

다리 중앙에는 높이 34m의 팔각형 탑(Wasserturm)이 있다. 이 탑은 1300년 당시에는 성벽의 일부였지만 후에는 보물과 사적을 보관하는 창고나 감옥으로 쓰이기 시작했다.

빙하공원
Gletscher Garten

- P71B1
- Denkmalstrasse 4, CH–6006 Luzern
- 41-41-410-43-40
- 41-41-410-43-10
- 4/1~10/31, 9:00~18:00, 11/1~3/31, 10:00~17:00. 매해 정기적으로 하루를 쉬기 때문에 먼저 인터넷에서 확인해야 한다.
- 성인 CHF10, 학생 CHF9.5, 6~16세 아동 CHF7. LION Pass 자유 관람권, 성인 CHF17, 아동 CHF9.5.
- info@gletschergarten.ch
- www.gletschergarten.ch

루체른은 역사가 깊은 도시이다. 이곳에서 발굴한 동물 유해와 화석은 2만 년 전 빙하기의 원시적 풍경을 상상하게 한다. 빙하공원(Gletscher Garten)은 1873년 정식으로 개관하였다. 암벽 면에 드러난 화석과 빙하에 의해 침식된 바위들이 공원 관람의 포인트이다. 또 이곳에는 멀티미디어 상영관이 있어 관광객들에게 루체른과 알프스 산의 생태 환경과 사적에 대해 소개하고 있다.

이 밖에 암라인의 집(Am-rhyn-Haus)은 전통적인 스위스 건축물로, 안에는 초기 스위스의 공구들과 역사 사적, 모형들을 전시하고 있다. 한편에는 스페인의 알람브라 궁전을 배경으로 하는 거울 미로가 있다. 사방이 온통 거울 벽면이기 때문에 금방이라도 꼭 벽에 부딪힐 것만 같다.

구(舊)성벽
Musegg Mauer

- P71A2

시간 여유가 된다면 루체른의 구(舊)성벽(Musegg mauer)에 가 보자. 9개의 높은 탑이 있는 구(舊)성벽은 쇼핑 거리 뒤쪽에 있으며, 강가에서 떨어진 몇 개의 성벽은 관광객들에게 개방되고 있다.

탑들의 이름은 왼쪽에서 오른쪽으로 Nölli, Männli, Luegisland, Wacht, Zeit, Schirmer, Pulver,

Allenwiden, Dächli 이다.

옛 성 광장

Altstadtplatze

  루체른의 옛 성 중심에는 채색한 벽에 아름다운 장식이 되어 있는 건축물이 많다. 그리고 이 건물들은 루체른의 유구한 역사의 가치를 잘 드러내고 있다.

  예를 들자면, 바인마르크트 (Weinmarkt)는 루체른 사람이 선서를 했던 곳이고, 히르쉔플라츠 (Hirschenplatz)는 중세기부터 내려오는 역의 이름을 따온 것이다. 코른마르크트(Kornmarkt)에는 아름다운 옛 시청과 길드 조직의 건축 장식이 있다.

교통 박물관과 IMAX 영화관

🔵 루체른 시내에서 Lido 방향의 전차를 타거나 혹은 호수를 따라 도보 약 20분

🏠 Lidostrasse 5, CH–6006Luzern

💲 박물관 41-41-370-4444

📠 박물관 41-41-370-61-68

🕐 박물관
하절기 매일 10:00~18:00, 동절기 매일 10:00~17:00 IMAX 영화관은 매일 문을 열고 상세한 방영 시간표는 인터넷에서 찾아보자.

💲 박물관 성인 CHF24, 6~16세 CHF12,
6세 이하 아동은 무료
IMAX 성인 CHF16,
16세 이하 아동 CHF12
박물관+IMAX 종합 이용권
성인 CHF32,
16세 이하 아동 CHF21

@ mail@verkehrshaus.ch

🌐 박물관
www.verkehrshaus.org
IMAX 영화관 www.imax.ch

1959년 개원한 면적 4만 평방미터의 교통 박물관(Verkehrshaus der Schweiz)은 유럽에서 가장 많은 교통수단을 전시하고 있는 박물관이다. 수백 종류의 전통 기차 모형과 마차, 케이블카, 비행기, 배 등 각양각색의 교통수단의 발전사를 볼 수 있다. 만약 열차 광이라면 대형 전시장은 꼭 가 보아야 한다. 이 외에도 실외 광장에 미니 열차가 있어 어린이들이 증기기관차를 체험해 볼 수 있다.

매력적인 행성들과 음악이 어우러진 천문관은 교육효과가 뛰어나다. 이곳에서 행성계의 오묘함을 느낄 수 있다.

유럽의 유일한 IMAX 영화관(IMAX Film Theater)에서는 비정기적으로 영화를 상영하는데 그것을 보면 감탄이 절로 나온다. 다국어 통역 헤드폰을 제공하고 있어 이해하는 데 무리가 없다.

Hotel Löwengraben

 P71A2
 Löwengraben 18, CH6004 Luzern
 41-41-410-78-30   41-41-410-78-32
 매 침대당 CHF69부터, 패키지 방 CHF165~CHF200
 www.jailhotel.ch

 죄수가 되어보는 상상을 해본 적 있는가? 원래 감옥이었던 루체른 시내의 Hotel Löwengraben은 1999년 4월 1일 정식으로 문을 열었다.
 호텔의 모든 방에는 여전히 자물쇠가 달린 철문과 그 문에 있는 밥을 배급하던 작은 구멍까지 그대로 남아있다. 복도에는 감옥에서 쓰던 형기와 죄수복을 전시하고 있는 유리 진열대가 있다. 배낭족들은 유스호스텔과 같은 침대를 고를 수 있지만 돈을 더 쓸 의향이 있다면 감방을 체험해 봐도 아깝지 않을 것이다. 이 외에도 참신하게 설계된 식당과 술집이 있는데, 투숙객이 아니더라도 이용할 수 있다.

Hotel Anker
 Pilatusstrasse 36
 41-41-210-30-76
 CHF95~CHF270
 www.anker-luzern.ch

Hotel Alpina
 Frankenstrasse 6
 41-41-210-00-77
 CHF115~CHF265
 www.alpina-luzern.ch

Hotel Schiff
 P71A3
 Unter der Egg 8
 41-41-418-52-52
 CHF80~CHF250
 www.hotel-schiff-luzern.ch

Hotel Des Alpes
 P71B2
 Rathausquai 5
 41-41-417-20-60
 CHF50~CHF120
 www.desalpes-luzern.ch

Magic Hotel
 P71A3
 Brandg?ssli 1
 41-41-417-12-20
 CHF140~CHF440
 www.magic-hotel.ch

베른

Bern

스위스의 수도 베른(Bern)은 고풍스러운 느낌의 도시이다. 여타 도시와 다르게 대부분의 건물마다 비를 피할 수 있는 처마가 있어서, 비가 와도 관광과 쇼핑의 열기가 식지 않는다.

만약 머무를 수 있는 시간이 많지 않다면 바로 슈피탈 거리(Spitalgasse)-마르크트 거리(Marketgasse)-크람 거리(Kramgasse)-게레흐티 거리(Gerechtigasse)를 따라 6km에 이르는 자갈길을 걸어보자. 쇼핑에서부터 대성당, 시계탑, 아인슈타인 박물관, 곰 공원, 장미 정원까지 중요한 명소를 한 눈에 다 볼 수 있다.

베른 구시가의 볼거리는 100~150m마다 있는 컬러 조각 분수이다. 각 분수마다 전설을 가지고 있는데 특히 정의의 여신 분수와 식인마 분수의 전설은 매우 유명하다.

◎베른 가는 길

베른 기차역에 여행 서비스 센터가 있다. 호텔의 위치와 가격 정보를 제공하며 무료 전화가 있어 여행객들은 호텔을 편리하게 이용할 수 있다.
여행 서비스 센터 맞은편에 있는 또 다른 서비스 센터에서는 기차와 버스 등 교통수단의 시간표와 티켓 요금 등의 정보를 알아 볼 수 있다.

◎시내 교통

베른은 그렇게 크지 않기 때문에 걸어서 대략 하루 정도면 명소들을 다 가볼 수 있다. 만약 길을 걷는 게 피곤하다면, 구시가의 전차를 이용하면 된다.
가장 경제적인 방법은 '베른 카드'이다. 유효 기간 내에 무제한으로 대중교통을 이용할 수 있고, 관광지에서는 할인 혜택을 받을 수 있다. 1일권은 CHF19, 2일권은 CHF29, 3일권은 CHF35이다.

◎베른 여행 센터

⌂ Amthausgasse 4
☎ 41-31-328-12-12
🖷 41-31-328-12-77
🕐 6/1~9/30, 9:00~20:30
  10/1~5/31 월~토요일 9:00~18:00, 일요일 10:00~17:00
@ info@berninfo.com
🔗 www.bern.ch

뮌스터 대성당
Münster

 P78

 Mustergasse

 부활절~10월
화~토요일 10:00~17:00,
일요일 11:00~17:00.
11월~부활절 화~금요일
10:00~12:00, 14:00~16:00,

토요일 10:00~12:00,
14:00~17:00,
일요일 11:00~14:00

베른의 대표 건축물 중 하나인 뮌스터 대성당(Münster)은 후기 고딕식 건축물로 1421년 짓기 시작하여 1893년까지, 4세기에 걸쳐 지어졌다.

이 성당에서 가장 유명한 것은 입구에 조각된, 살아 움직이는 듯한 '최후의 심판'이다. 또 1726년에 만들어진 스위스에서 가장 큰 파이프 오르간이 사람들의 눈길을 끈다.

날씨가 좋다면, 계단을 따라 탑에

시계탑
Zeitglockenturm

 P78

베른의 서편 성문의 시계탑(Zeitglocketurm)은 크람 거리

곰 공원
Barengraben

 P79

베른에 온 관광객 대부분이 곰 공원(Barengraben)을 보러 간다. 구시가의 끝까지 가서 나데크교(Nydegg Brücke)를 지나면 바로

곰 공원에 도착한다.

곰 공원은 일반적으로 볼 수 있는 동물원이 아니다. 몇 마리 곰이 사는 곳에 담을 쌓아 놓은 것일 뿐, 곰들은 자유롭게 돌아다니고, 입구도 없으며, 입장료를 받지도 않는다. 아기 곰들은 관광객의 사랑을

아인슈타인 박물관
Einstein House

 P78

 Kramgasse 49

 41-31-312-00-91
 41-31-312-00-41
 3/1~9/30 10:00~17:00,
10/3~12/16
화~금요일 10:00~17:00,
토요일 10:00~16:00
 성인 CHF6, 학생 CHF4.5.
 aeg@einstein-bern.ch
 www.einstein-bern.ch

베른의 유명인사인 물리학자 아인슈타인은 일찍이 베른 대학에서 교수로 재직하였다. 아인슈타인은 베

올라가 베른의 아름다운 전경을 감상해보자. 탑은 성당보다 30분 일찍 문을 닫으므로 주의해야 한다.

(Kramgasse)의 성문에 있다. 1층의 천문 시계는 1218년에 만들어졌으며, 지금의 형태는 1771년 완성된 것이다.

1층의 천문 시계판은 매우 복잡하지만 시간 외에도 계절과 날짜, 요일 및 절기 등도 알려주고 있어 매우 과학적이다. 정각 4분 전부터 움직이는 시계 주위의 인형들은 관광객들의 눈길을 끈다.

독차지하고 있다. 이곳의 최대 수용 규모는 곰 5마리이고, 매일 한 마리당 4kg의 음식을 먹는다(겨울 2kg). 관광객들은 곰에게 줄 먹이를 살 수 있다.

른에서 7년을 거주하였으며(1902-1909), 1903-1905년 베른 대학에서 교수로 재직할 당시에는 크람 거리의 작은 아파트에서 살았다. 상대성 이론은 이 당시 연구의 결과물이라고 한다.

그가 살았던 아파트는 지금은 박물관으로 꾸며져 아인슈타인의 생전 모습 그대로 유지되어 있다. 아인슈타인 박물관은 아인슈타인 생전 사진과 상대성 이론의 학술 자료, 수업 녹음 테이프 등을 전시하고 있다. 그중에는 아인슈타인이 스크랩한 신문의 학생 모집 기사와 성적표도 있으며 전체적으로 상세하고 깔끔하게 아인슈타인 생애의 주요 사적을 정리해 놓고 있다.

베른 시장
Markthalle Bern

- P78
- Makthalle Cityhhof, Bubenbergplatz 9
- 41-31-329-29-29
- 월, 화, 수, 금요일 9:00~19:00.

스위스의 크고 작은 도시에서는 매주 한 두 차례 길거리 시장이 서는데 베른의 구시가에도 매주 화요일과 토요일에 시장이 열린다.

이 밖에 특별한 날에도 장이 서는데, 매년 11월 넷째 주에 열리는 양파 축제는 중세부터 거행해 온 매우 성대한 축제이다.

현지의 생활 모습을 체험해 볼 수 있는 베른 시장(Markthalle Bern)은 옛 건물을 리모델링하여 만든 것으로 기차역과 가까이 있고, 지상 일층 지하 일층, 두 층으로 설계되어 있다. 해산물, 야채, 빵, 꽃차, 과실차, 커피 등을 파는 작은 가게와 여행사 등 50개의 매장이 있고, 판매 가격도 적당하다.

Hotel Metropole
- P78
- Zeughausgasse 26
- 41-31-329-94-94
- CHF110~CHF205
- www.hotelmetropole.ch

Hotel Continental
- P78
- Zeughausgasse 27
- 41-31-329-21-21
- CHF110~CHF210
- www.hotel-continental.ch

Hotel Kreuz
- P78
- Zeughausgasse 39
- 41-31-329-95-95
- CHF120~CHF240
- www.hotelkreuz-bern.ch

Hotel Goldener Schlussel
- P78
- Rathausgasse 72
- 41-31-311-02-16
- CHF118~CHF158
- www.goldener-schluessel.ch

Hotel National
- P78
- Hirschengraben 24
- 41-31-381-19-88
- CHF60~CHF155
- www.nationalbern.ch

마이언펠트

Maienfeld

마이언펠트(Maienfeld)는 스위스의 전형적인 산골 마을이자, 유명한 와인 생산지이다. 마이언펠트에서 가장 인상깊은 것은 끝없이 펼쳐진 푸른 들판과 구릉이다. 마을로 가는 길목에서는 맑고 경쾌한 소 방울소리가 이따금 귓가를 간지럽힌다.

하지만 이곳을 세계적으로 유명하게 만든 진짜 이유는 바로 '알프스 소녀 하이디'이다. 19세기 스위스 작가 요한나 슈피리는 마이언펠트를 배경으로 스위스 알프스를 전 세계에 알린 유명한 소설을 완성했다.

현재 마이언펠트에는 소설 속 마을이 그대로 재현되어 있어 관광객들은 직접 하이디 고향의 순수한 매력을 경험해 볼 수 있다.

정보

◎마이언펠트 가는 길

쿠어 또는 상갈렌에서 지방선 열차를 타고 10분에서 15분 정도 오면 마이언펠트에 도착한다. 쿠어와 마이언펠트 부근의 작은 마을을 왕래하는 하이디 열차(Heidi Express)는 4월 중순에서 10월 중순까지 운행하고, 호텔에 자료를 문의하여 운행시간을 확인할 수 있다.

◎HEIDIWELT 여행 서비스 센터

🏠 Heididorf Postfach, CH-7304 Maienfeld

☎ 41-81-330-19-12

📠 41-81-330-19-13

@ info@heidi-swiss.ch

🌐 www.heidiwelt.ch

마이언펠트의 관광 사업은 HEIDIWELT연맹에서 공동으로 운영하고 있다. 각종 관광 관련 정보는 여행 서비스 센터가 설립한 하이디 숍(Heidi Shop)에서 알아볼 수 있다.

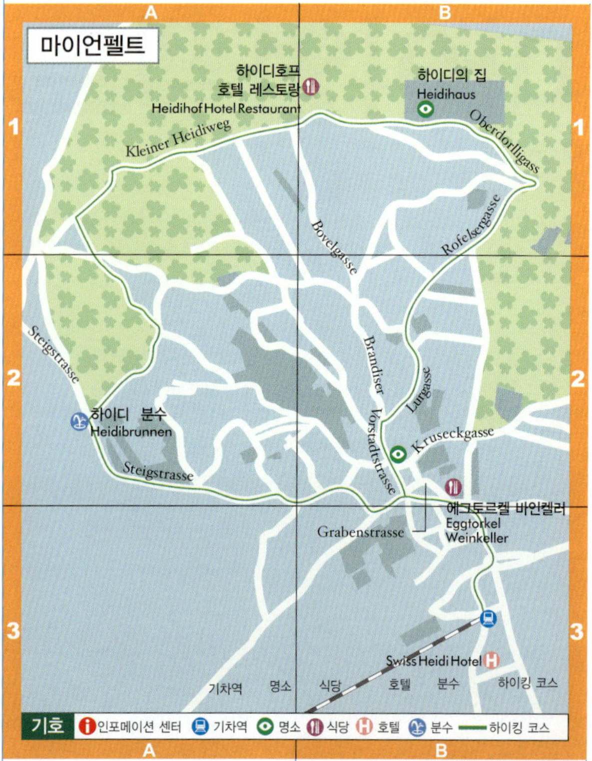

명소

하이디의 집
HeidiHaus

P84B1

하이디호프 호텔의 문 밖 왼
편 작은 길을 따라 도보 5분

Heididorf Postfach CH–
7304 Maienfeld

41-81-330-19-12

41-81-330-19-13

3월 15일~11월
10:00~17:00.

성인 CHF5, 아동 CHF2.
10인 이상 단체,
일인당 CHF4.5

www.heididorf.ch

하이디 이야기는 알프스 산의 어
디라도 배경으로 삼을 수 있었지만,
요한나 슈피리(Johanna Spyri)는
마이언펠트에 사는 친구 집을 방문
한 후 작품을 쓰기 시작했고, 마이
언펠트는 하이디의 고향이라고 알
려지게 되었다.

하이디의 집(HeidiHaus)은 소설
속 하이디가 살았던 집을 그대로

묘사해 놓은 곳이다.

 이미 300년의 역사를 가진 작은 집 안에 하이디와 피터가 마주보고 앉아 있고, 탁자엔 하이디가 아직 하지 못한 숙제가 펼쳐져 있다. 2층 한 편에는 하이디의 할아버지가 반 정도 완성해놓은 목공일이 놓여 있다.

 집 바깥에는 농장이 있고, 바로 옆에서는 어린 양을 볼 수가 있다. 그리고 초원에는 방목하는 소떼들이 있어 가끔 딸랑딸랑하는 소 방울소리가 들린다. 이렇듯 하이디의 집은 소설 속 순수하고 아름다운 시간들을 그대로 재현해 놓아서 관광객들의 발길이 끊이지 않는다.

하이디 분수

Heidibrunnen

P84A2

큰 하이디 길, 작은 하이디
길 출발점/종점

　마이언펠트는 소설 속 하이디와
친구 피터가 발을 담그고 물을 마
시던 작은 분수를 실제로 재현해
놓았다.

　하이디 분수(Heidibrunnen)는
1953년 '어린이의 미래' 기부금으
로 지어졌으며, 현재 푸른색 하이킹
코스의 출발점과 종점에 있다. 분수
에는 하이디와 그녀가 기르던 작은
양이 물을 마시려고 하는 모습이
매우 생동감 있고 재미있게 조각되

명소

큰 하이디 길/ 작은 하이디 길

Grosser/Kleiner Heidiweg

P84A2

마이언펠트의 하이디 하이킹 코스인 큰 하이디 길과 작은 하이디 길(Grosser/Kleiner Heidiweg)은 푸른색과 붉은색으로 표시하고 있다. 붉은 색의 작은 하이디 길은 하이디가 겨울을 보내는 곳이다. 1시간 반 정도의 코스로, 소설에 묘사된 풍경들을 생생하게 볼 수 있고, 그렇게 가파르지 않아 편안한 마음으로 추억에 잠길 수 있다.

푸른색 표지판의 큰 하이디 길은 하이디가 여름에 놀던 곳—하이디 목장(Heididalp)으로 가는 길이다. 피터의 작은 집이 있고 산 정상 부근엔 할아버지의 작은 목공소가 있다. 그러나 큰 하이디 길은 4시간이 걸리는 어려운 코스이기 때문에 등산에 적합한 복장을 하고 가는 것을 잊지 말자.

어 있다. 공원 한편에는 고기를 구워먹을 수 있는 화덕이 있다. 깨끗한 자연을 벗 삼아 온가족이 함께 교외에서 고기를 구워먹는 것도 매우 특별한 추억이 될 것이다.

요한나 슈피리와 작은 천사 하이디

스위스 여성 작가 요한나 슈피리(Johanna Spyri, 1827~1901)는 취리히 근교의 힐젤(Hilzel)이라는 작은 마을에서 태어났다. 자연 속에서 성장한 그녀는 대자연에 대한 무한한 애정으로 1845년과 1852년 사이에 마이언펠트를 배경으로 하는 소설 '알프스 소녀 하이디'를 쓰기 시작했다.

1880년 슈피리 부인은 하이디를 주인공으로 하는 작품을 발표하였고, 작품은 굉장히 큰 반향을 일으켰다. 현재는 30개의 언어로 번역되어 출판되어, 슈피리 부인은 누구나 아는 유명한 아동 서적 작가가 되었다.

정식 CHF30부터
www.heidihof.ch

하이디호프 호텔 레스토랑
(Heidihof Hotel Restaurant)의 가
장 큰 매력은 끝없이 펼쳐진 파란

하이디호프 호텔 레스토랑

Heidihof Hotel Restaurant

P84A1
Hr. Matthis Elmer, CH–
7304 Maienfeld
41-81-300-47-47
41-81-300-47-49

에그토르켈 바인켈러

Eggtorkel Weinkeller

P84B2
Kruseckgasse 1,
CH–7304 Maienfeld
41-81-330-19-12
예약 필수

마이언펠트에 오는 관광객은 이
사랑스러운 마을이 포도밭으로 둘
러싸여 있음을 한 눈에 알 수 있
다. 마이언펠트는 대대로 포도를
심고 포도주를 만들어 온 스위스
의 유명한 와인 생산지이다.

시내에 있는 이 선술집은 1818년
지어졌고, 주점 내의 포도 압착기
(Torkel)는 이미 500년의 역사를
지나왔다. 아쉽게도 양조는 다른 곳
에서 이루어지지만 이곳에 와서 술
과 음식을 맛보는 것도 나쁘지 않
을 것이다.

Eggtorkel은 구매, 시음, 식사 모
두 예약제이기 때문에 오기 전에
먼저 HEIDIWELT에 전화해서 스케
줄을 잡아야 한다.

하늘과 초원이 있는 정원에서 따뜻한 햇살과 시원한 바람을 맞으며 맛있는 음식을 먹을 수 있다는 것이다.

Heidihof 레스토랑의 요리는 스위스 전통 요리로, 현지의 독특한 음식 재료와 조리법을 사용한다. 또 문 밖의 작은 길은 바로 하이디의 집과 맞닿아 있어 매우 편리하다.

스위스 하이디 호텔
Swiss Heidi Hotel

P84B3
Swiss Heidi Hotel, CH-7304 Maienfeld
41-81-303-88-88   41-81-303-88-99
CHF85~CHF105   info@swissheidihotel.ch
www.swissheidihotel.ch

기차역에서 걸어서 닿을 수 있는 거리에 있는 Swiss Heidi Hotel은 비교적 규모가 큰 신식 호텔이다. 내부는 밝고 모던한 인테리어로 되어 있고, 창문을 열면 전형적인 스위스의 자연을 볼 수 있다.

Swiss Heidi Hotel은 67개의 객실과 주점, 회의실 등을 갖추고 있다. 호텔 측에 사전에 이야기하면 식사를 할 수 있다.

이 외에도 호텔 소형 버스로 호텔에서 반경 20km 내 픽업 서비스와 여행 스케줄 서비스도 제공하고 있다. 자세한 정보와 가격은 호텔 측에 문의하자.

사스페

Saas Fee

알프스의 진주라고 불리는 사스페(Saas Fee)는 알프스 산 1,800m 높이의 계곡에 자리 잡고 있다. 4,000m가 넘는 13개의 산봉우리(스위스에서 가장 높은 Dom 포함)로 둘러싸인 전형적인 빙하 마을로 차량 출입이 통제되고 있어 마치 세상과 단절된 무릉도원에 온 것 같다.

정보

◎사스페 가는 길

기차를 타고 비스프나 브리그에 내려서 사스페 행 버스로 갈아탄다. 사스페에는 호텔과 콘도, 오두막, 유스호스텔 등이 있어 여행 서비스 센터의 홈페이지에서 객실가격을 찾아보고 직접 예약할 수 있다.

사스페에 숙소를 잡는 대부분의 관광객은 반드시 지불액 외에 별도로 세금(숙소 비용 내에 포함)을 내야 한다. 호텔 측에 여행카드를 문의하면 부분 할인 혜택을 받을 수 있다.

◎사스페 여행 센터

Postfach 3906 Saas-Fee

월~토요일 8:30~12:00, 14:00~18:00
일요일 10:00~12:00, 16:00~18:00

41-27-958-18-58

to@saas-fee.ch

www.saas-fee.ch

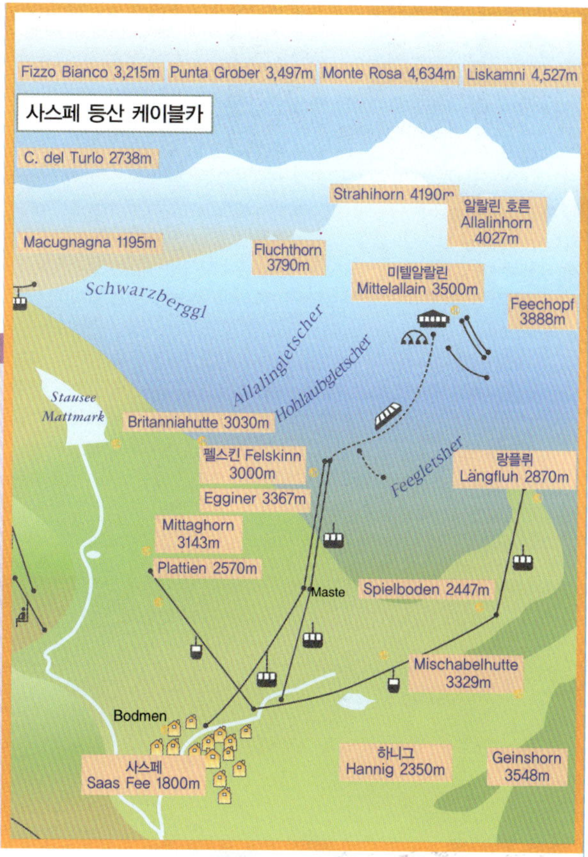

사스페 등산 케이블카

Fizzo Bianco 3,215m   Punta Grober 3,497m   Monte Rosa 4,634m   Liskamni 4,527m

C. del Turlo 2738m

Strahihorn 4190m

알랄린 호른
Allalinhorn
4027m

Macugnagna 1195m

Fluchthorn
3790m

미텔알랄린
Mittelallain 3500m

Feechopf
3888m

Schwarzberggl

Stausee
Mattmark

Britanniahutte 3030m

Allalingletscher   Hohlaubgletscher

Feegletsher

펠스킨 Felskinn
3000m

랑플뤼
Längfluh 2870m

Egginer 3367m

Mittaghorn
3143m

Plattien 2570m

Maste

Spielboden 2447m

Mischabelhutte
3329m

Bodmen

사스페
Saas Fee 1800m

하니그
Hannig 2350m

Geinshorn
3548m

알랄린
Allalin

- P91
- 6월말~11월말
- 알랄린 패키지 투어(Allalin Excursion Package), 사스 페에서 알랄린까지의 케이블 카, 열차표, 빙하 동굴 입장료, 회전 식당 식대 포함 성인 CHF49.5.

관광객이 사스페를 찾는 이유인 알랄린(Allalin)에는 세계에서 가장 큰 빙하와 세계에서 가장 높은 회전 식당이 있다. 알랄린(Allalin)에 오르려면 반드시 케이블카와 지하철을 타야 한다. 먼저 빙하를 바라볼 수 있는 케이블카인 알핀 익스프레스(Express-Alpin)를 탄 뒤 펠스킨(Felskinn)에서 알프스 산 지하철로 갈아타고 해발 3,500m의 알랄린에 오른다. 알랄린 정상의 360도 회전하는 회전식 식당에서는 산에 둘러싸인 빙하를 감상할 수 있다. 또는 테라스에서 따뜻한 커피 한잔으로 몸을 녹이며 스키 타는 사람을 구경해도 좋다. 산 정상에는 대략 9월 말부터 두텁게 눈이 쌓이기 시작해서 매우 정취가 있다.

마멋 투어
Marmots Tour

- Saas Fee-Längfluh 케이블 카
- 8:45~17:00
- 성인 편도 CHF27, 아동 CHF13.5

이 하이킹 코스는 가까이서 마멋을 보고 먹이도 줄 수 있어 교육 효과가 매우 좋다.

먼저 사스페에서 등산 관람 열차를 타고 2,879m의 랑플뤼(Längfluh)까지 온 뒤 산 정상의 식당에서 빵, 홍당무, 땅콩 등 마멋의 먹이를 산 후 그것을 던져주면 귀여운 마멋들은 여행객들의 발아래까지 와서 먹이를 받아먹는다.

산 정상에서 사스페까지의 하이킹 코스는 한 시간 정도 소요된다. 매우 쉬운 코스지만 힘들다면 도중에 있는 한 두 개의 작은 식당에서 쉬어갈 수 있다.

식당

레스토랑 비유 샬레
Restaurant Vieux Chalet

Andenmatten–Gex–Collet
41-27-957-28-92

이곳은 전형적인 전통 스위스 가정식 식당이다. 전통적인 왈리아 주(州)의 음식 외에 십여 종에 이르는 다양한 맛의 퐁듀를 배불리 먹을 수 있다는 것이 이 집의 묘미이다.

바닥이 붉은 토마토 퐁듀(Tomaten Fondue), 오리지널 퐁듀(Kase Fondue), 매운 맛 퐁듀(Cayenne Fondue), 버섯 퐁듀(Morchel Fondue), 그리고 약초 퐁듀(Krauter-Fondue)에 이르기까지 종류가 다양하여 선택하기가 쉽

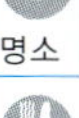
명소

식당

지 않다.

이 외에도 왈리아 주(州)의 특산 호밀빵(Roggenbrot, 러겐브로트)과 하클레뜨(Raclette), 로스티(Rosti) 등의 전통 요리가 있다. 만약 퐁듀를 주문한다면 왈리아 주(州)의 특산 고산포도원의 하이다(Heida) 백포도주를 곁들이길 추천한다.

하클레뜨
Raclette

하클레뜨(Raclette)는 스위스의 유명한 전통요리이다. 40cm정도의 하클레뜨 치즈를 반으로 나눈 뒤 불로 달군다. 녹은 부분을 칼로 썰어내고 다시 팬에 넣은 다음 감자와 함께 끓여 피클, 양파와 함께 먹는다.

이러한 전통 식당에서는 주방장이 직접 하클레뜨 치즈를 조리하는 것을 볼 수 있어, 처음 와보는 사람에게는 매우 신기할 것이다. 퐁듀와 달리 술이 들어가지 않기 때문에 술을 잘 마시지 못하는 사람에게도 괜찮은 선택이다.

프랑스어권

샤또데

Château-d'Oex

열기구로 유명한 샤또데(Château-d'Oex)는 산 속 계곡 깊숙이 숨어있으며 높이 1,000m의 지리적 조건 덕분에 이곳은 스키와 번지 점프, 승마, 윈드서핑, 등산 등 각종 레저 스포츠의 천국이 되었다.

상쾌한 푸른 목초지가 펼쳐져 있는 샤또데는 생활 속도가 느리고 여유롭다. 또 골든 패스가 지나기 때문에 교통은 매우 편리한 편이며 서쪽으로 한 시간만 가면 몽트뢰에 도착하고, 동쪽으로는 높은 산 속 깊이 들어갈 수 있다. 그리고 프랑스 치즈조차 절을 한다는 샤또데의 유명한 치즈 브랜드—레티바(L'etivaz)를 놓치지 말자.

정보

◎샤또데 가는 길

MOB(Montreux-Berner-Oberland), GFM(Bulle-Montbovon), ASD(Aigle-le Sépey _les Diablerets)의 기차를 탄다.

◎샤또데 여행 서비스 센터

1660 Château-d'Oex

41-26-924-25-25

41-26-924-25-26

info@chateau-doex.ch

www.chateau-doex.ch

레티바 치즈 공장
The L'Etivaz Cellars

⌂ 1660 L'Etivaz
☎ 41-26-924-62-81
🖷 41-26-924-40-56 *
@ cpfae-etivaz@swisson-line.ch
🌐 www.etivaz-aoc.ch
❗ 7/1~9/1(수~토요일) 샤또데 여행 서비스 센터에서 준비한 1~2일 동안의 하이킹과 레티바 치즈 공장 견학 상품은 사전에 예약 필수이다.

샤또데의 특산물 레티바 치즈를 만드는 레티바 치즈 공장(The L' Etivaz Cellars) 견학은 샤또데 관광에서 놓쳐서는 안 될 필수 코스이다. 산 속의 오두막처럼 보이는 공장은 샤또데에서 차를 타고 10분 정도 가면 도착한다. 이곳의 시청각 센터에서는 일정한 시간에 치즈 제조 과정을 방영한다. 1층은 레티바 치즈 매장으로, 각양각색의 치즈와 제조 도구를 살 수 있다. 또 시청각실 맞은편 치즈 저장실에서는 관광객들이 직접 들어가서 치즈를 발효시키는 네 단계 절차를 볼 수 있다.

레티바 치즈가 유명한 이유는 이곳의 소들이 알프스의 무공해 목초를 먹고 자라기 때문이다. 또 이곳의 목초는 특수한 향을 지니고 있어서 레티바 치즈는 깊은 우유 향과 함께 알프스 식물의 독특한 향도 지니고 있다.

국제 애드벌룬 위크

The Chateau-D'oex international hot-air balloon week

❗ 애드벌룬 공연과 특수 애드벌룬 전시를 볼 수 있다. 돈을 내고 마음에 드는 애드벌룬을 골라 밤하늘을 가르는 장거리 애드벌룬 경기에 참여할 수 있다.

1979년부터 샤또데에서 매년 한번씩 열리는 애드벌룬 대회에는 최소 15개국에서 80개가 넘는 애드벌룬이 참여한다. 이 대회가 열리는 일주일 동안 최소 6만 명이 넘는 관광객들이 샤또데를 찾는다. 하늘을 가득 메우는 일곱 빛깔의 다양한 애드벌룬이 매우 볼 만하다.

🍴 식당

포스트

Poste

🏠 1837 Château-d'Oex
📞 41-26-924-62-84
🚫 일요일 밤, 월요일
❗ 프랑스어 메뉴만 있음.

참신한 스위스–프랑스 요리를 제공한다. 이 식당의 메인요리인 소고기(Beef simmental, 비프 시망딸)와 특제 가

정식 이탈리아 국수(Nouilles maison, 누이유 메종), 수프(Soupe à la pierre, 수프 알 라 피에르)를 맛 볼 수 있다. 만약 치즈 애호가라면 고산 치즈 모둠 요리(Plateau de fromages du pays-d' Enhaut, 쁠라또 드 프로마쥬 뒤 뻬이–다노)를 선택해 볼 만한데, 십여 종의 치즈가 건초 위에 놓여 있어 느낌이 색 다르다.

르 샬레
Le Chalet

- Le Chalet
- 41-26-924-66-77
- 41-26-924-42-78
- 식당
  월~목요일, 일요일
  9:00~18:00
  금~토요일 9:00~23:00
  치즈 제조 공연
  월요일 14:00~16:00
  화~일요일 9:30~11:30,
  14:00~16:00
- www.lechaletalet-fro-magerie.ch

식당 내부는 원목으로 꾸며져 있고 홀 중앙의 큰 개방식 화로에서는 스위스 전통 요리와 스위스 샤브샤브가 만들어진다. 하지만 무엇보다 눈길을 끄는 것은 이 화덕에서 이루어지는 치즈 쇼일 것이다.

지하실 작은 매장에서는 신선하고 맛있는 치즈와 기념품을 판매한다.

Buffet de la Gare
- 1660 Château -d'Oex
- 41-26-924-77-17
- CHF40~CHF100
- www.buffet-doex.ch

Hotel-Lodge Roc & Neige
- Les Riaux, CH-1660 Château -d'Oex
- 41-26-924-33-50
- CHF82.5~CHF165
- www.chateau-doex.ch

Hotel Ermitage
- CH-1600 Château -d'Oex
- 41-26-924-60-03
- CHF100~CHF200
- www.gourmet-hotelermitage.ch

Parc-Hotel La Soldanelle
- Case Postale 105
- 41-26-924-33-50
- CHF110~CHF180
- www.chateau-doex.ch

Hotel Bon Accueil
- Marianne Bon, La Frasse
- 41-26-924-63-20
- CHF135~CHF225
- www.bonaccueil.ch

제네바

Genève

스위스 남부에 위치한 제네바(Genève)는 취리히와 함께 스위스를 이끄는 쌍두마차이다. 제네바는 스위스 제2의 도시이자 스위스 남부의 중심으로 비록 인구는 180,000명 정도이지만, UN 유럽 본부와 적십자총회가 이곳에 있고, 시내에 매우 많은 다국적 조직들이 있어, 이 작은 도시는 전 세계 50억 인구의 복지를 관장하고 있다.

 제네바는 론(La Rhone) 강을 중심으로 오른편의 신시가지와 왼편의 구시가지로 나뉜다. 알프스와 유라 산을 볼 수 있는 천혜의 자연조건으로 예전부터 루소와 바이런, 오드리 햅번, 알랭 들롱 등 유명 인사들이 이곳에서 여생을 보냈다.

◎제네바 가는 길

제네바는 국제, 국내 교통의 요충지로 사방으로 연결되는 기차와 비행기 노선이 있다. 취리히에서 제네바까지는 기차로 3시간 30분이 소요된다.

◎시내 교통

제네바 시내 대부분의 명소는 걸어서 닿을 수 있는 거리에 있다. 교외에 있는 유엔 본부나 카루쥬(Carouge)에 가고 싶다면 TPG(Transorts Publics Genevios)가 운영하는 시내버스나 전차를 타면 되고 일인 일회 탑승 시 CHF3(한 시간 내에 무한 환승 가능)이다. 48시간 무제한 승차권은 CHF20, 72시간 무제한 승차권은 CHF30이다.

◎제네바 여행 센터

 Rue du Mont–Blanc 18 P.O.Box 1602, CH–1211 Genève 1

 41–22–909–70–00

 www.geneva–tourism.ch

 제네바 가이드 서비스

매주 토요일 10:00 여행센터에서 출발.

6/1~9/30 매주 월, 수, 금, 토요일 10:00. 매주 화, 목 10:00~18:30 출발.

가이드 시간은 대략 두 시간 정도로, 일인당 CHF150이고, 학생과 노인은 CHF100이다.

명소

부르-드-푸르 광장
Place du Bourg-de-Four

P101B3

제네바에서 가장 오래된 광장으로 옛 로마의 언론 광장 위에 지어졌다고 한다. 중세 이후에는 북적이는 시장이 열리기 시작했고, 18세기에는 그 당시 '가장 아름다운 분수'라고 불리던 작고 귀여운 분수가 만들어졌다. 지금은 식당 하나와 노천카페들이 빼곡히 들어서 있어 매우 여유로운 분위기가 맴돈다.

광장을 둘러싸고 있는 건물들의

시청과 무기고
Hôtel De Ville et Arsenal

P101A3

Grand Rue

시청(Hôtel De Ville, 오텔 드 빌)은 옛 제네바 정부가 사무를 처리하던 곳이다. 사합원식의 봉건 건축양식으로 지어졌으며 비탈진 계

생 피에르 성당
Cathédrale de St Pierre

P101B3

Cours Saint-Pierre 6

10:00~17:00

월요일

41-22-311-75-75

성인 CHF8,
6세 이하 아동 무료

구시가에 위치한 생 피에르 성당(Cathédrale de St. Pierre)은 구시가에서 가장 눈에 띄는 상징이라고 할 수 있다. 1160년에서 1232년 사이에 지어진 생 피에르 성당 건물의 본체는 다양한 양식이 섞여 있다. 아치형 문은 고딕 양식으로 지어졌고, 성당 정문 복도 기둥은 그리스-로마의 느낌이 강하며 홀 내부에서는 어렴풋이 로마 신전의 흔적을 느낄 수 있다. 성당 아래에서는 4세기의 유적들이 발굴되어 상당히 큰 이슈가 되었다.

비록 16세기 종교 개혁 당시, 성당의 본체가 이교도들에 의해 적지 않게 파괴되었지만, 세심히 살펴보면 여전히 그 당시 웅장했던 모습

트레이유 산책로
Promenade de la Treille

P101A3

트레이유 산책로(Promenade de la Treille)는 5m 높이의 제네바 중세 성벽 위에 있다. 지리적 위치가 좋아서 아름다운 풍경들을 한눈에 내려다 볼 수 있다.

한쪽에는 126m에 이르는 세계에서 가장 긴 벤치가 있고 녹음이 우거진 나무 그늘

층과 층 사이에는 뚜렷한 색깔 차이가 있다. 이는 종교 개혁 이후, 대규모의 이주민을 수용하기 위해, 어쩔 수 없이 시내 건물들에 층을 더 올려야 했던 것이 오늘날의 이런 특이한 경관을 자아내게 되었다.

단을 만들어 당시 소식을 전하던 말들이 편리하게 출입하도록 하였다고 한다.

시청 내부 중 가장 유명한 곳은 알라바마 룸(Alabama Room)이다. 1864년 17개국이 공동 성명한 전쟁 희생자 보호를 위한 제네바 협정부터, 1872년 미국 독립전쟁 당시 영미 협약까지 모두 이곳에서 체결되었다.

현재 광장에 있는 알라바마 기둥(Alabama plaque, 알라바마 플라크)은 1876년 미국 독립 100주년 기념으로 미국 공무원이 제네바 정부에 보낸 기념품이다.

을 상상해 낼 수 있다. 1936년부터 1964년, 종교 개혁가 칼뱅이 이곳에서 강연을 하였는데, 그 세력이 전 유럽에 미쳐 제네바는 '신교도의 로마'라는 호칭을 얻었다. 그 당시 그가 앉았던 의자(Le Siège de Calvin, 르 시에쥬 드 칼뱅)는 예전 모습 그대로 성당에 보존되어 있다. 이 밖에도 신교에 영향력이 깊었던 로한 공작(Henri de Rohan)도 성당에 묻혀 있어 후대 사람들이 그 당시의 모습을 상상할 수 있다.

덕분에 여유롭고 자유로운 분위기가 가득하다. 때문에 이곳은 제네바 시민이 바람을 쐬거나 산보를 즐기는 가장 아름다운 곳 중 하나이다. 이 길 입구에는 1815년, 빈 복고 회에 스위스 대표로 참가한 픽테 드 로슈망(Pictet de Rochemant)의 조각상이 있다. 그는 열강들 사이에서 스위스의 영세 중립을 공고히 하였으며 제네바를 스위스 연방에서 중요한 위치로 올려놓았다.

영국 정원
Jardin Anglais

P101B2

제네바 호반에 위치한 영국 정원 (Jardin Anglais)의 이름은 정원 안에 있는 꽃시계에서 비롯하였다. 6,300송이의 꽃을 이용하여 만든 꽃시계는 제네바를 상징한다. 언제든지 꽃시계 앞에서 사진을 찍을 수 있어 관광객들에게 인기가 많다.

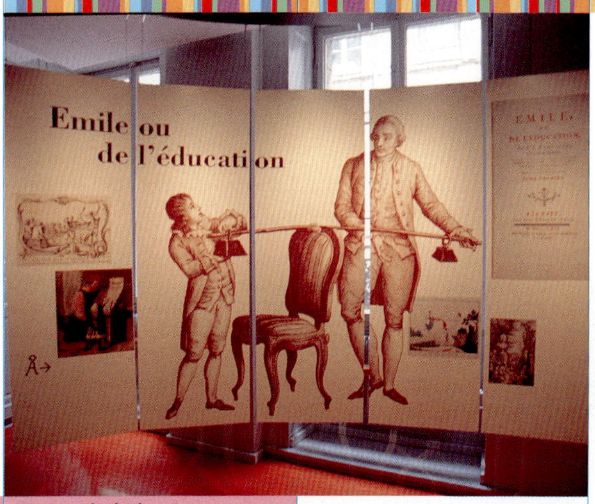

루소 기념관
Espace Rousseau

P101A3

40, Grand' Rue Case Postale 5733

41-22-310-10-28

11:00~17:30

休 월요일

성인 CHF5, 학생, 노인 및 단체 일인당 CHF3

@ info@espace-rousseau.ch

www.espace-rousseau.ch

저명한 철학자이자 정치가, 사상가, 음악가, 작가, 교육자였던 장-쟈크 루소(Jean-Jacques Rousseau)는 1712년 6월28일, 현재 루소 기념관(Espace Rousseau)이 있는 곳에서 태어났다. 제네바 시 정부는 제네바에서 가장 유명한 이 시민을 기념하기 위해 루소 기념관을 세웠다.

25분 정도의 가이드 설명을 들으면 루소의 생애와 작품을 조금이나마 이해할 수 있다. 기념관 측도 이 자수성가한 천재에 대한 이해를 돕기 위해 일정한 시기에 루소와 관련된 행사를 주최하고 있다.

국제 적십자 박물관
Musée International de la Croix-Rouge

- 17, Avenue de la Paix CH-1202, Genève
- 41-22-748-95-25
- 41-22-748-95-28
- 10:00~17:00
- 매주 화요일, 12/24, 12/25, 12/31, 1/1
- 성인 CHF10, 12세 이하 아동 무료. 가이드 헤드폰 대여료, CHF5
- www.micr.org

박물관에 들어가기 전, 먼저 눈에 들어오는 것은 눈을 가리고 두 손을 뒤로 묶은 전쟁 포로의 조각상이다. 국제 적십자 박물관(Musée International de la Croix-Rouge)은 아직도 유린당하는 인권을 관광객들에게 알리고, 세계 평화를 이루기 위한 목적을 가지고 개관되었다.

박물관은 국제 적십자 총회가 세운 목표와 역사 배경을 주로 전시하고 있지만, 관람객이 적극적으로 참여할 수 있는 방식을 택하고 있어서 매우 흥미롭다. 전쟁과 인도, 구원 등 엄숙한 국제 평화 문제를 무미건조한 숫자와 도표 대신 음향 효과와 대중 예술 등을 이용하여 쉽게 풀어내고 있어 관람객들은 웃고 떠드는 와중 문득 평화의 중요성과 참뜻을 깨닫게 된다. 이 박물관은 유럽에서 가장 생동감 있고, 재미있는 박물관 중의 해 나일 것이다.

전시 공간을 11개의 비민주 지역으로 구획하고, 시대 순으로 배열해 놓아 적십자회의 발전 사를 이해할 수 있다. 관심이 있다면 가이드 헤드폰을 대여하여 설명에 귀 기울여 보자.

제트 분수
Jet d'eau

⚑ P101B1
⌂ 제네바 호수 내

매년 봄이 오면 제네바 호수에서는 고래가 물을 뿜어내듯이 하늘로 치솟는 물기둥을 볼 수 있는데, 이것이 바로 제네바의 기이한 볼거리, 제트 분수(Jet d'Eau)이다.

제트 분수는 약 500리터의 물을 140m까지 뿜어낸다. 세계에서 가장 큰 인공분수인 제트 분수는 제네바 어느 곳에서든지 쉽게 볼 수 있다. 때문에 제트 분수는 제네바를 대표하는 볼거리 중 하나가 되었다.

UN 유럽 본부
Palais des Nations

🚌 5번 또는 8번 버스
⌂ Avenue de la Paix 14, CH-1211 Geneve 10
💲 41-22-917-48-96
Ⓕ 41-22-917-00-32
⏱ 가이드 관광만 하기 때문에 사전 예약이 필수이다.
4~10월
10:00~12:00, 14:00~16:00
7, 8월
10:00~12:00, 14:00~16:00
💲 성인 CHF10, 학생 CHF8.
@ ivisit-gva@unog.ch
🌐 www.unog.ch

제1차 세계 대전 후, 미국의 윌슨 대통령이 국제 연맹의 연고지로 제네바를 건의한 후부터 제네바는 국제 노동조합과 국제 적십자회 등 각종 국제 조직의 중요한 구심점이 되었다.

UN 유럽 본부(Palais des Nations)는 1946년 제네바에 정식으로 건립되었다. 이곳은 부지가 매우 넓고, 건물과 녹지가 잘 어우러져 있어 그 아름다움이 베르사유 궁전과 견줄 만하다. 건물 안에는 회의실 외에도 도서관, 미술관, 공원이 있고, 매일 3000명에 달하는 사람이 이곳에서 일한다.

UN 유럽 본부는 일반인에게도 개방되는데, 반드시 가이드를 대동해야 입장이 가능하다.

연합국 대표들이 회의하는 모습을 보는 것 외에도 길을 거닐며 예술 감각이 뛰어난 건축물들을 감상해도 좋다. 그리고 세계 평화를 기도하는 '평화 통행증(Pass for Peace)'을 살 수도 있다.

쇼핑

젤레 쇼콜라티에
Zeller Chocolatier

🔺 P101B2
🏠 Place Longemalle 1,
　　CH-1204 Geneva
📞 41-22-311-50-26

　외관상으로는 특색이 없지만 젤레(Zeller)의 초콜릿은 제네바에서 50년 동안 매출 1위의 기록을 굳건히 지키고 있다. 1959년 개점하여 오늘날까지 좋은 재료와 수공업을 고집하고 있어 Zeller의 초콜릿은 여전히 제네바 시민들의 사랑을 받고 있다.

　85세 고령의 사장 Willy Zeller는 여전히 활력이 넘치는 모습으로 그의 초콜릿 역사를 이야기해 준다. 수 십 년 전부터 모아온 인터뷰 스크랩을 가지고 나오는 Willy의 초콜릿 사랑은 매우 인상적이다.

　Zeller는 수공작업장을 유지하는 몇 안 되는 초콜릿 상점 중 하나이다. 도쿄에 판매만 하는 분점이 하나 있고, 초콜릿은 모두 이곳, 작은 초콜릿 작업장에서 나온다.

　Zeller 초콜릿은 종류가 매우 다양하다. 특히 이곳의 특제 초콜릿은 꼭 맛봐야 한다. 달지도 않고 느끼하지도 않아, 한 입 먹으면 자기도 모르게 계속 먹게 된다. 이 밖에 초콜릿 장식 역시 뛰어난데, 각양각색의 초콜릿 인형은 초콜릿의 새로운 경지를 보여준다.

안느-클랑드 비르쇼
Anne-Clande Virchaux

🏠 13,Rue St-Joseph
📞 41-22-342-35-26

　안느-클랑드 비르쇼(Anne-Clande Virchaux)는 모든 옷감과 염색 재료에 있어서, 순 천연식물 섬유제조를 표방하고 있다. 대부분 면과 마를 소재로 하고 모두 현장에서 방직한다.

카루쥬
Carouge

🚋12, 13번 전차를 타고 Place du Marche에서 하차, 15분 정도 소요.
🏠Domaine des Molards 21, 1281 Russin
☎41-22-754-15-40

카루쥬(Carouge)는 커피와 수공예품으로 알려진 제네바 외곽의 작고 고요한 마을이다. 특히 이 마을의 각종 명품 매장들은 모두 순수 수공예를 고집하고 있다. 매장 주인이 디자이너를 겸하고 있어, 매장과 제작실이 분리 되지 않고 개개의 특

색을 띤다. 제네바의 다른 마을들처럼 매주 수요일, 토요일 7:00~13:30에 전통 장이 서는데 이곳 역시 관광객들이 많이 모이는 곳 중 하나이다. 뤼생(Russin) 주점이 한 판 벌어지고 농장에서 생산한 신선한 과일과 포도주 등을 판매하는데, 가격도 저렴하다. 직접 와서 포도주를 맛보고 싶으면 먼저 주점에 연락하여 예약하면 된다.

🍴 식당

카브 아 비에르
Cave à Bière

🏠Rue Ancienne 21,CH-1227 Carouge
☎41-22-342-49-11

카브 아 비에르(Cave à Bière)의 쇼윈도에는 마음을 빼앗는 각종 맥주들이 전시되어 있다. 매장 안에는 380종류의 각국 대표 맥주가 있어 맥주 마니아가 아니더라도 새로운

세상을 경험하게 될 것이다.
이곳에서 제일 좋은 맥주는 캐나다의 EauBenite이다. 그리고 멕시코의 ChilliBeer는 손님들에게 가장 인기있는 맥주이다. 한 쪽에 있는 바에서는 샌드위치와 포도주, 광천수 등의 음료를 제공한다.

숙박

La Réserve Genève

5월~동절기 전, 좌석이나 방을 예약하면 호텔이 무료로 유람선을 연결해 준다. 제네바 항구에서 출발하여 10분 정도 후 호텔 도착

301, Route de Lausanne 1293 Bellevue Genève

41-22-959-59-59　　41-22-959-59-60

SPA 테라피 CHF85~390　　info@lareserve.ch

www.lareserve.ch

La Réserve Genève는 제네바의 유일한 5성급 호텔이다. 인테리어 전문가인 자크 가르시아(Jaccques Garcia)가 설계하여 호텔 전면을 새롭게 바꿨다. 원래 있었던 붉은 색을 기조로, 최근 상당히 각광받고 있는 아프리카를 컨셉으로 삼았다. 표범 무늬와 코끼리 형상 등 야생미가 가득한 그림이 디자이너의 정교한 손놀림을 거쳐 다시 태어났음에도 실내는 우아한 분위기를 유지하고 있다. 경쾌하고 밝은 아프리카 음악이 깔린 La Réserve Genève에 가면 태고의 아름다움으로 충만한 새로운 세상을 경험할 수 있다.

호텔에는 모두 102개의 객실이 있고, 객실에서는 호수와 하원이 아름다운 경치를 감상할 수 있다. 그리고 각 객실은 저마다 서로 다른 색상의 인테리어로 설계되어 있어 디자이너의 노고를 충분히 짐작할 수 있다.

놀라움은 여기서 끝나지 않는다. La Réserve Genève에는 최상의 휴식 공간인 스파가 있다. 특히 우림수 아로마 테라피는 탕에 들어가면 부드러운 향기가 온몸으로 퍼진다.

안마 시술 역시 매우 뛰어난데, 시술 시 스위스 최고급 보양 브랜드 라 프레리(La prairie)를 사용한다. 시술이 끝나면 정원이 보이는 조용한 곳에 눕거나 혹은 호텔측이 준비한 영양 간식을 먹으며 한가로운 분위기를 만끽할 수 있다. 그래서 적지 않은 부부들이 로맨틱한 분위기를 즐기기 위해 이곳에 온다.

Youth Hostel

⌂ Rue Rothschild 30, 1202 Genève

☎ 41-22-732-62-60

$ CHF26~CHF32

🌐 www.yh-geneva.ch

Cité Universitaire

✈ P101B2

⌂ 46, Avenue Miremont, CH1211 Genève 4

☎ 41-22-839-20-05

$ CHF46~CHF84

🌐 www.unige.ch/cite-uni

Hotel Bernina

✈ P101A1

⌂ 22, Place Cornavin, CH-1201 Genève

☎ 41-22-908-49-50

$ CHF110~CHF140

🌐 www.bernina-geneve.ch

Ramada Encore La Praille

✈ P101A2

⌂ 12, Route des Jeunes, CH-1227 Carouge

☎ 41-22-309-50-00

$ CHF120~CHF138

🌐 www.ramada-worldwide.de

Backpacker Hostel

✈ P101A1

⌂ Rue Ferrier 2, 1202 Genève

☎ 41-22-901-15-00

$ CHF42.5~CHF58

🌐 www.cityhostel.ch

Centre universitaire protestant 1

⌂ Av. du Mail 2, 205 Genève

☎ 41-22-322-90-00

$ CHF30~CHF40

🌐 www.geneve-tourisme.ch

Foyer George Williams

⌂ Ste-Clotilde 9, 205 Genève

☎ 41-22-328-12-03

$ CHF20

🌐 www.foyerucg.ch

Hôtel Aida

✈ P101A3

⌂ 6, Avenue Henri-Dunant, 1205 Genéve

☎ 41-22-320-12-66

$ CHF80

🌐 www.geneve-tourisme.ch

Hôtel Lido

✈ P101A1

⌂ 8, Rue de Chantepoulet-1201 Genéve

☎ 41-22-731-65-01

$ CHF80~CHF100

🌐 www.hotel-lido.ch

Hôtel Central

✈ P101A2

⌂ 2, Rue de la Rôtisserie, CH-1204 Genéve

☎ 41-22-818-81-00

$ CHF80~CHF160

🌐 www.hotelcentral.ch

몽트뢰

Montreux

제네바 호반에 위치한 몽트뢰(Montreux)는 세계적으로 유명한 광천 지역으로 겨울에도 따뜻한 기후 덕분에 각광받는 휴양지가 되었다. 예부터 지금까지 많은 왕실 귀족들이 다녀갔고, 유명 인사들이 이곳에 와서 추위를 피하거나 요양을 하였다. 문학가 헤밍웨이도 일찍이 이곳을 다녀갔다.

라 프래리(La Prairie)와 같은 유명한 국제 미용센터가 이곳에 있다. 몽트뢰는 보톡스 주사가 매우 유명한데 가격은 비싸지만 아름다워지기 위해 각지에서 많은 사람들이 찾아온다. 특히 헐리우드 스타들이 많이 찾는다. 몽트뢰 부근의 포도 과수원은 스위스의 주요 와인 생산지이다. 소박한 분위기의 포도주 마을들은 술을 마시지 않아도 그 산 빛과 물색에 취하게 만든다.

정보

◎몽트뢰 가는 길

1번 버스는 몽트뢰와 시용 성 왕복 노선이다. 제네바와 브리그 왕복 열차를 타도 몽트뢰에 도착할 수 있다.

◎몽트뢰 여행 센터

Rue du Théâtre 5-1829 Montreux

41-848-86-84-84

41-21-962-84-86

info@mvtourism.ch

www.montreux-tourisme.ch

빙하 3000
Glacier 3000

몽트뢰에서 Aigle로 가는 기차를 탄다. Aigle에서 ASD(Aigle-Sepey-Diablerets)열차로 갈아탄 후 Diablerets에서 버스로 다시 한 번 갈아타고 Col du Pillon에서 하차.

CH-1865 Les Diablerets

41-24-492-09-23

41-24-492-28-27

1~ 4월 9:00~16:30,
7~10월 9:00~16:50,
11~12월 9:00~16:30

5, 6월

성인 왕복 CHF54,
스노우 카 성인 왕복 CHF33

info@glacier3000.ch

www.glacier3000.ch

레 디아블레레(Les Diablerets)에 위치한 빙하로 근 몇 십 년 동안 관광업이 성행하면서 1964년, 케이블카가 운행되기 시작했다. 후에 두 개의 회사가 재정비하여 빙하 3000(Glacier 3000)으로 이름을 지었다.

빙하 3000(Glacier 3000)은 이름 그대로 일 년 내내 녹지 않는 눈과 은백색 풍경이 펼쳐진 3000m 높이의 빙하이다.

시용 성
Château de Chillon

제네바에서 열차를 타고 올 수 있다. 몽트뢰 시내에서 호반을 따라 45분 정도 걷거나 1번 버스를 타면 된다.

Avenue de Chillon 21,
CH1820 Veytaux

41-21-966-89-10

11~2월 10:00~16:00
3월, 10월 9:30~17:00
4~9월 9:00~18:00

성인 CHF10, 아동 CHF5

www.chillon.ch

시용 성(Château de Chillon)은 스위스의 중요한 성곽 유적 중 하나로, 로마 시대부터 이곳에 우뚝 서서 인류의 흥망성쇠를 지켜보았다. 11~13세기 성곽 대규모 보수 공사 후 오늘날과 같은 모습을 갖추게 되었고, 수많은 역사적 사건 속에 1798년 보주(Vaud)인의 혁명으로 비로소 정식 국가재산이 되었다.

시용 성의 기반은 제네바 호수 300m 아래에 있다. 기반이 산세에 기대어 지어져서 밖에서 보면 마치 성과 산이 하나처럼 보인다. 성 밖으로 보이는 제네바 호수와 알프스

스위스의 다른 고산들과 마찬가지로, 현대식 케이블카가 있고, 산 정상에는 식당과 스키 시설이 갖추어져 있다. 스키를 타지 않는 사람들을 위한 관광 시설도 갖추어져 있다. 유명한 설계사 마리오 보타(Mario Botta)의 명성에 걸맞게 빙하 3000은 세련되고 모던한 느낌을 지니고 있다.

이곳은 스키 타기에 좋은 곳으로 스노우 카도 운행하고 있어, 관광객들은 빙원의 풍경을 마음껏 감상할 수 있다. 또 개가 끄는 눈썰매를 탈 수도 있고, 여름에는 하이킹도 할 수 있으며 밤에는 맛있는 식사를 즐길 수 있다. 마리오 보타가 설계한 식당의 격조 높은 실내 분위기와 실외 설원고산의 아름다운 경치는 당신을 새로운 세계로 인도할 것이다.

의 경치가 상당히 아름답다.

시용 성은 경치가 아름답고 매우 낭만적이지만 예전에는 죄인을 가두던 감옥이었다. 캄캄한 암흑 같은 감옥에서 일찍이 200명의 죄수가 생애를 보냈다. 그중, 가장 유명한 죄인은 16세기 제네바의 독립을 지지하다 수감된 보니바르(Banivard) 신부이다. 그는 다섯 번째 기둥에 쇠사슬로 묶여 4년을 보냈다고 한다. 1816년 영국 시인 바이런이 이곳에 왔다가 이 이야기를 듣고 세 번째 기둥에 자신의 이름을 새겨 넣었다. 오늘날에도 그의 친필 서명을 선명하게 볼 수 있는데, 이는 시용 성에서 가장 중요한 역사적 흔적이 되었다.

로망스어권

116 스쿠올
Scuol

124 생 모리츠
St. Moritz

스쿠올

Scuol

엥가딘 계곡 끝에 위치한 스쿠올(Scuol)은 스위스에 그다지 많지 않은 로망스어권에 속한다. 이름 역시 로망스어인 'Scopulus(암석, 스코퓰러스)'에서 유래한 것이다. 건물들의 다채로운 채색벽화와 마을 어귀에 위치한 분수 광장은 이곳에 동화 속 낭만과 신비함을 더하고, 옛 성으로 들어가면 마치 시간 터널에 들어온 것 같아 돌아가는 것조차 잊게 된다.

온천 요양 센터로 유명한 스쿠올의 온천과 광천수는 19세기 교통이 발달하고 나서야 주목을 받기 시작하였다. 또 스쿠올은 기후의 장점을 십분 활용하여 장장 9~10개월에 이르는 동절기를 이용한 겨울 스포츠 천국을 만들어 관광객의 눈길을 끌고 있다.

정보

◎스쿠올 가는 길

란트크바르트(Landquart)에서 스쿠올로 향하는 지선 열차로 갈아탄 뒤 스쿠올-타라슈프(Scuol-Tarasp) 역에서 하차, 1시간 30분이 소요된다. 취리히에서 오는 편도 열차는 약 2시간 45분, 생 모리츠에서 출발하면 사메단(Samedan)에서 갈아타야 하고, 1시간 23분이 소요된다.

◎시내 교통

스쿠올의 명소는 대부분 걸어서 닿을 수 있는 거리에 있다. 기차역에서 시내까지 대략 1Km 정도이고, 10분 정도 걸으면 닿을 수 있다.

◎스쿠올 여행 센터

🏠 Stradun, CH-7550 Scuol
💰 41-81-861-22-22
📠 41-81-861-22-23
@ info@engadin.com
🌐 www.scuol.ch

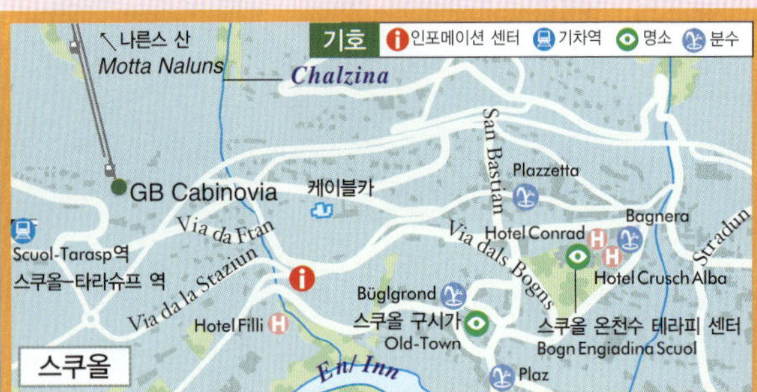

스쿠올 구시가
Old Town

 P116

 구시가(Old Town)에는 스쿠올이 보존하고 있는 전통 로망스 건축문화가 완벽하게 구현되어 있다. 대부분의 건물에는 매우 독특한 벽화가 그려져 있다. 자세히 보면 벽 위에 상당히 아름다운 몇 개의 도형 조각 장식이 있는데 이것이 바로 로망스 건축 양식인 스그라피토(Sgraffito) 공법으로 만들어진 것이다. 벽에 석회를 바른 후 공구를 이용하여 도안을 그려내는 것으로, 현재는 보기가 쉽지 않다.

 사람들을 매료시키는 것은 건물만이 아니다. 스쿠올에 오는 관광객들은 곳곳에 심어진 아름다운 꽃의 향연에 빠져든다. 현지인의 말에 따르면 스쿠올은 여름이 매우 짧기 때문에 이곳 사람들은 햇빛이 있을 때에 각종 꽃과 묘목을 심는 것을 즐긴다고 한다. 그리고 이것은 스쿠올을 더욱 활기 넘치고 생기 있게 만든다.

P116

스쿠올 구시가의 광장 곳곳에는 작고 귀여운 분수가 있다. 이러한 분수에는 2~3개의 분출구가 있는데, 그중 하나는 자연적으로 나오는 물이고, 또 다른 것은 천연 광천수이다. 각 지역마다 서로 다른 광천수가 나온다. 탄산이 함유된 광천수가 나오는 곳도 있고, 광물질 함량이 높은 광천수가 나오는 곳도 있으니, 하나하나 다 맛보는 것도 괜찮다.

분수 광장(Fountains)은 과거 중요한 만남의 장소였으며 빨래와 식수를 대부분 이곳 샘물에 의존했다. 이곳은 집들을 전통적으로 전부 분수를 향해 짓는 독특한 분수 문화를 이루고 있다.

스쿠올 샘물

순수한 광천수는 스쿠올의 천연 보물이다. 도처에 숨어있는 최소 20개의 광천수원은 현지인들에 의해 채굴되어 음용수나 치료를 위해 사용된다.

두 번의 전쟁과 현대 의학의 이중 공격으로 근래 스쿠올의 온천 문화는 활력을 잃은 듯 해 보인다. 하지만 잘 보존되어 있는 타라슈프 물 펌프(Tarasp Pump room)와 스쿠올 황궁 호텔로부터 당시 성행했던 물 치료 문화를 추측해볼 수 있다.

스쿠올의 온천은 대략 섭씨 6도에서 8도의 온도로 지표로 흘러나오고, 매 리터당 1.1에서 17그램의 불균등한 양의 암염을 함유하고 있다. 칼슘과 마그네슘을 다량 함유하고 있는 광천수는 특히 심신을 이완시키는데 좋은 효과가 있다고 한다.

나른스 산
Motta Naluns

- P116
- Postfach, 7550 Scuol
- 41-81-861-14-14
- 41-81-861-14-10
- 8:00~12:30, 13:30~17:00
- 성인 CHF16
  아동 CHF8
- 기후 영향을 받기 때문에 케이블카 운행 시간은 매년 다르다. 사전 예약 필수. 겨울에는 시내에서 케이블카 정거장

까지 무료로 버스를 운영하고 있으나 여름에는 돈을 지불해야 한다. 여행 센터에서 확인할 수 있다.

케이블카를 타면 스쿠올 근처의 해발 1,250m에서 2,800m에 이르는 나른스 산(Motta Naluns)에 올라갈 수 있다. 이곳은 하이킹과 스키 등 스쿠올 레저 스포츠의 중심지이다. 여름에는 꽃이 피고 나비와 벌이 날아다녀 하이킹에 적지 않은 묘미를 더해준다.

타라슈프 성곽
Chastè da Tarasp

스쿠올 여객 서비스 센터 앞
에서 Tarasp방향으로 가는
버스를 탄 뒤, 하차하여 도보
로 10~15분

Jon Fanzun, CHF553
Tarasp

41-81-864-93-68

41-81-864-93-73

가이드 시간

스쿠올 온천수 테라피 센터

Bogn Engiadina Scuol

P116
41-81-861-20-00
41-81-861-20-01

서비스 센터와 매표소
8:00~22:00
온천탕 9:00~21:45
아동 및 3급 온도 시설 개방
시간은 다른 규정이 있으니,
전화로 문의

2시간 반 성인 CHF25
6~16세 아동 CHF18
6세 이하 아동 CHF5

타월과 수영복 대여 서비스(아
시아인은 체형이 작기 때문에
자신이 구비해 갈 것 추천),
내부 락커룸에 물품을 보관해
야 한다.

스쿠올 온천수 테라피 센터(Bogn
Engiadina Scuol)는 관광객들이 스
쿠올의 이름만 듣고도 찾아오는 유
럽에서 가장 유명한 테라피 센터

중 하나이다.

센터는 다양한 온천수 테라피와
요양 서비스를 제공한다. 각양각색
의 탕과 마사지는 매우 만족스럽다.
또한 알프스 산맥이 보이는 노천탕
에서는 신선한 공기를 마시며 아름
다운 경치를 감상할 수 있다.

이 밖에 이곳에서 제공하는 로마
아이리쉬욕(Roman-Irish Bath)은
오랜 역사를 가진 두 종류의 온천
문화를 결합시켜 탄생시킨 특수 요
법으로, 15단계로 이루어져 있다.
매 단계마다 일정한 시간과 온도가
정해져 있으며 2시간의 전 과정을
마치고 나면 온몸이 상쾌해질 것이
다.

그리고 별도로 돈을 내고 예약을
하면 미용 보양과 수족 관리, 전신
마사지, 의료 효과가 있는 안마 등
의 테라피를 받을 수 있다. 기회가
된다면, 센터 내의 펌프실에 가서
광천수를 음용하는 특수 요법을 체
험해 봐도 좋다.

6/1~7/10 14:30.
7/11~8/20 11:00, 14:30,
15:30, 16:30.
8/21~10/15 14:30, 15:30
동절기에는 화, 목요일
16:30

@ info@schloss-tarasp.ch,
www.schloss-tarasp.ch

1040년에 지어진 타라슈프 성곽
(Chastè da Tarasp)은 스쿠올 외곽
에서 차로 약 10분 정도 걸린다. 산

정상의 웅대한 이 건축물은 한 눈
에 알아볼 수 있어 하엥가딘 지구
의 상징이 되었다.

타라슈프 성곽 내부에는 무기고,
작은 예배당, 응접실, 식당 등이 있
다. 가이드 관광만 허용되며, 전체
를 둘러보는 데는 약 45분 정도 걸
린다. 사용 언어는 독일어이다.

여름에는 성곽에서 음악회를 주최
하는데 마치 중세 성의 연회 같다.

- 41-81-856-13-00
- 6~10월말
- www.nationalpark.ch
- 반드시 국립공원의 규칙을 준수해야 하며, 기후 변화가 심하기 때문에 하이킹을 하려면 적합한 복장과 신발을 갖추어야 한다. 공원 내에 식당이 없기 때문에 점심과 물을 준비해 오는 것이 좋다.

국립공원 여객 서비스 센터
(National Park House)

국립공원의 최신 기후 정보, 여행 코스 자료, 국립공원 소개 사진 등을 제공하기 때문에 공원에 가기 전에 먼저 들리는 것이 좋다.

- CH-7530 Zernez
- 41-81-856-13-78
- 41-81-856-17-40
- 6~10월 말 8:30~18:00
  화요일 8:30~22:00
- info@nationalpark.ch

스위스의 유일한 국립공원은 하엥가딘(Lower Engadine)에 위치하고 있다. 면적 169km²의 이 공원은 알프스 산맥에 가장 먼저 자리잡은 국립공원이다. 이 때문에 자연 보존이 매우 잘 되어 있어서, 관광객들은 가까운 거리에서 다양한 동물과 식물들을 볼 수 있다. 특히 사불상이 짝짓기를 하는 때가 되면 사불상의 구애하는 소리도 들을 수 있다.

국립공원은 면적이 매우 넓어서 자연을 사랑하는 관광객들이 즐길 만한 하이킹 코스가 아주 많다. 여름에는 수백 종의 꽃을 볼 수 있고, 9월이 되면 수사슴들이 구애하는 소리가 계곡에 울려 퍼진다. 10월엔 침엽수들이 붉게 물들기 시작한다. 스쿠올에서 출발해서 국립 공원으로 오는 하루 코스의 여정도 고려해 볼 만하다.

식당

프루이 식당
Das Bergrestaurant Prui

🏠 Bügl Suot 39a
💲 41-81-864-03-40
📠 41-81-864-03-49
💲 요리는 CHF10부터
🌐 www.prui.ch

　프루이 식당(Das Bergrestaurant Prui)은 나른스 산 케이블카 관광 노선 중 몇 군데 역에 있는데, 등산 객들은 이곳에서 식사를 하면서 쉬어갈 수 있다. 높은 곳에서 굽어보이는 경치가 이곳의 가장 큰 매력이다. 특히 야외 정원의 테이블에 앉아 있으면 아름다운 풍경이 한눈에 들어와 식욕이 더 왕성해진다.
　식당이 제공하는 요리는 그라우뷘덴(Graubünden)의 전통 요리로, 간단하지만 맛있고, 양이 적당하다. 당근과 훈제 베이컨, 율무 등의 재료를 고아서 만든 스프(Bündner Gerstensuppe, 뷘드너 게르슈텐수페), 또는 모듬 감자전(Holzfällerösti, 홀츠팔레로스티)은 상당히 토속적이고 포만감을 주는 요리로 먹어볼 만하다.

로망스어권

스쿠올

식당

숙박

숙박

Wohlfühlhotel Curuna
🏠 mit Pizzeria Giovanni,CH-7550 Scuol
📞 41-81-864-14-51
💲 CHF70
🌐 www.curuna.ch

Hotel Crusch Alba
✈ P116
🏠 Bruno Schorta,Röven, CH-7530 Zernez
📞 41-81-864-11-55
💲 CHF85~CHF90

Hotel Chasa Belvair
🏠 7550 Scuol
📞 41-81-861-25-00
💲 CHF139~CHF152
🌐 www.belvair.ch

Hotel Filli
✈ P116
🏠 Martina und Marco de Gennaro
📞 41-81-864-99-27
💲 CHF100~CHF260
🌐 www.filli-scuol.ch

Hotel Conrad
✈ P116
🏠 Bagnera 158 ,CH-7550 Scuol
📞 41-81-864-17-17
💲 CHF85~CHF105
🌐 www.conrad-scuol.ch

생 모리츠

St. Moritz

『The Best of the Alps』연맹 회원인 생 모리츠(St.Moritz)는 그 유명한 생 모리츠 산성이 있는 곳으로, 19세기부터 이미 왕실 귀족이 동절기를 보내는 휴양 명소였다.

생 모리츠가 가장 자부심을 느끼는 것은 스위스에서 유일하게 동계 올림픽을 개최한 도시라는 점이다. 또 알프스 월드 챔피언 스키 대회도 개최했었다. 생 모리츠는 유명한 온천 지역이기도 하다. 이곳의 온천 요법은 생 모리츠를 성지(聖地)로 만들어 더욱 많은 사람들이 이곳을 찾고 있다. 이 때문에 오늘날 생 모리츠의 고급 호텔은 모두 온천 시설을 갖추고 있다.

◎생 모리츠 가는 길

 생 모리츠에 가려면 먼저 그라우뷘덴 주(州)의 쿠어에서 차를 갈아타야 한다. 쿠어에서 열차를 타면 2시간 정도 소요되고, 취리히에서 기차를 타면 3시간 반 정도 소요된다. 이 외에도 생 모리츠는 빙하 특급의 종점일 뿐 아니라 베르니나 특급도 지나고 있어 매우 편리한 교통을 자랑한다.

◎시내 교통

 시내에서는 모두 걸어서 갈 수 있다. 생 모리츠 도르프(St. Moritz-Dorf)에서 생 모리츠 바트(St. Moritz-Bad)까지 걸어서 최소 20분이면 도착하고, 기차역에서 생 모리츠 도르프까지는 걸어서 15분 정도 걸린다.

◎생 모리츠 여행센터

Via Maistra 12, Ch-7500 St. Moritz
41-81-837-33-33
41-81-837-33-77
information@stmoritz.ch
www.stmoritz.ch

생 모리츠 — 로망스어권

명소

하이디의 작은 오두막
Heidi-Huette

요한나 슈피리가 집필한 '알프스 소녀 하이디'는 70년대에 이미 26개 TV 채널에서 방영될 정도로 유명한 작품이다. 이야기의 배경이 된 엥가딘 계곡 부근에는 하이디 테마 관광지가 많이 있는데 생 모리츠도 예외는 아니다.

이곳, 하이디의 작은 오두막(Heidi-Huette)은 전통 목재로 지어진 아주 소박한 집이다. 안에 들어와 보면 옛날 사람들이 동물과 같

생 모리츠 하이킹
Hiking Around St. Moritz

⌂ Muottas Muragl Bahn 케이블카역 7503 Samedan
☎ 41-81-842-83-08
🖷 41-81-842-65-71
🕐 6/3~10/22, 12/16~4/9
07:45~23:00 30분마다 운행
💲 성인 왕복 CHF27
아동 왕복 CHF9
🌐 www.stmoritz.ch/map-002-01040400-en.htm

생 모리츠 근처에는 12개 정도의 하이킹 코스가 있다. 30분에서 6시

간까지 다양한 코스가 있어 자신의 조건에 맞춰 고를 수 있다. 그중 무오타스 무라글-알프 랜가드(Muottas Muragl-Alp Languard) 코스가 가장 환영받는다. 대부분의 등산객들은 푼트 무라글(Punt Muragl)에서 등산 열차를 타고 산

세간티니 박물관
Segantini Museum

⌂ Via Somplaz 30, CH-7500 St.Moritz
☎ 41-81-833-44-54
🕐 5/20~10/20, 12/1~4/20
화~일요일
10:00~12:00, 14:00~18:00
💲 성인 CHF10, 학생 CHF7, 아동 CHF3
@ info@segantini-museum.ch
🌐 www.segantini-museum.ch

지오바니 세간티니(Giovanni Segantini, 1858~1899)는 생 모리츠 출신의 유명한 화가이다. 41년의 짧은 생애 중, 12년의 세월을 엥가딘의 아름다운 경치와 빛을 그려내는데 투신하였다. 비록 창작 기간은 짧지만 그의 작품은 높은 평가를 받고 있다.

세간티니 박물관(Segantini Museum)은 그가 생 모리츠에서 보낸 5년의 시간과 엥가딘 계곡을 배경으로 그려낸 작품들을 기념하기 위해 1908년 지어진 것이다.

이 썼던 이층 침대를 볼 수 있다. 가이드 말에 의하면 이것은 동물의 체온으로 추위를 이기기 위한 방편이었다고 한다.

만약 하이디 마니아라면, 셸레누슬리(Schellenursli) 코스를 산책해 볼 것을 추천한다. 길을 따라 아름다운 꽃들이 만발해 있으며 1.5km 정도의 길을 45분 정도 걸으면 생

모리츠에 도착할 수 있다.

에 올라가 하이킹을 조금 한 뒤, 알프 랜가드에서 눈썰매를 타고 내려온다.

무오타스 무라글 등산 철도는 스위스 래크레일 식 등산 철도의 선봉 중 하나로, 1992년 보수 공사를 한 후 경사도가 가장 가파른 노선 중 하나가 되었다. 정상(2,453m)까지 올라가면 아름다운 산봉우리들을 감상할 수 있는데, 생 모리츠 호반 풍경도 선명하게 보인다. 산 위에 있는 스위스 전통 요리를 전문으로 하는 식당에서 바라보는 이곳의 해질녘 풍경이 매우 아름답다고

한다.

하이킹 코스에서는 사랑스러운 마멋이나 하늘을 비상하는 독수리 등 다양한 야생 동물들을 볼 수 있다. 무라글에서 알프 랜가드까지 가는 이 여정은 대략 2시간 반 정도 걸린다.

아침에 이곳을 등반하고, 산 정상의 작은 식당에서 진한 스프와 빵 또는 율무농탕(Gerstensuppe), 야채쌀찜(Polenta mit Steinpilzen)같은 스위스 전통 토속음식을 먹고 돌아가는 스케줄도 괜찮은 선택이 될 것이다.

 숙박

Hotel Bellaval
- Via Grevas 55
- 41-81-833-32-45
- CHF55~CHF70
- www.bellaval-stmoritz.ch

Hotel Languard
- Via Veglia 14
- 41-81-833-31-37
- CHF85~CHF310
- www.languard-stmoritz.ch

Hotel Hauser
- Via Traunter Plazzas 7
- 41-81-837-50-50
- CHF125~CHF420
- www.hotelhauser.ch

Hotel Eden
- Via Veglia 12
- 41-81-830-81-00
- CHF95~CHF136
- www.stmoritz.ch

Hotel Waldhaus am See
- Via Dim Lej 6
- 41-81-836-60-00
- CHF90~CHF105
- www.waldhaus-am-see.ch

이탈리아어권

루가노

Lugano

티치노 주(州)의 가장 큰 도시이자 스위스에서 세 번째로 경제가 발달한 도시인 루가노(Lugano)는 루가노 호수(Lago di Lugano) 근처에 있으며 한가한 남국의 분위기와 분주한 현대적 모습이 잘 어우러져 있는 매력적인 도시이다.

시내를 걷다보면 루가노의 다양한 풍경을 즐길 수 있다. 쇼핑이든 고적 답사든, 루가노 구시가를 한번 가보면 무엇을 하든지 간에 만족할 수 있을 것이다. 호수를 따라 들어선 다양한 호텔과 별장은 휴가 분위기를 한껏 북돋우고, 교외 전동 케이블카를 타고 산 정상에 가서 가볍게 한 바퀴 둘러보는 것도 좋다. 마시고, 노는 것에서부터 쇼핑에 이르기까지 루가노에는 부족한 것이 없다.

◎루가노 가는 길

취리히에서 루가노 가는 열차를 타면 3시간 정도 소요된다. 쿠어나 생모리츠에서 베르니나 특급을 타고 티라노에서 루가노 행 버스로 갈아타면 7, 8시간 정도 소요된다(여권 필히 지참). 이탈리아에서 매우 가까워 이탈리아 밀라노에서 루가노 행 열차나 비행기를 타면 매우 편리하다.

◎시내 교통

루가노의 큰 도로는 대부분 호수를 따라 발달해 있다. 한가롭고 정취가 있지만 걷고 싶지 않다면 호숫가를 따라 운행하는 버스도 많이 있으니 그것을 이용하면 된다.

◎루가노 여행 센터

Riva Albertolli–Palazzo Civico, 6900 Lugano
41–91–913–32–32
41–91–922–76–53
www.lugano-tourism.ch

◎ 명소

산타마리아 델리 안젤라 성당
Chiesa di Santa Maria degli Angioli

P130A3
Piazza Luini 3
41–91–922–01–12

루이니(Luini)광장 근처에 위치한 산타마리아 델리 안젤라 성당(Chiesa di Santa Maria degli Angiolo)은 15세기 경에 지어진 고풍스러운 성당으로 원래는 프란체스카 수도원 소속이었다. 겉으로 보기엔 특별한 것 없이 주변 건물들 속에 웅크리고 있지만 성당 안에는 진귀한 문화유산이 소장되어 있다. 그것은 베르나르디노 루이니(Bernadino Luini)의 벽화로 산타마리아 델리 안젤라 성당을 특별한 지위로 만드는 데 공헌하였다.

루이니와 다빈치는 같은 밀란화파였고 당시 루이니는 다빈치와 비슷한 지위와 명성을 누리고 있었다. 성단과 예배당의 경계에 있는 벽화는 성당에서 가장 유명한 '그리스도의 수난'과 St. Sebastisn을 묘사한 '성 세바스찬의 순교'이다. 다채로운 색채와 정교한 솜씨로 세밀하게 묘사해 내고 있어 그림을 보면 숨이 멎을 듯하다. 이 외에도 성단 왼쪽 벽에는 '최후의 만찬'이 그려져 있는데 이 역시 루이니의 대표 작품이다.

명소

산 로렌초 성당
Cattedrale San Lorenzo

P130A2

산 로렌초 성당(Cattedrale San Lorenzo)은 루가노에서 가장 오랜 역사를 가진 성당으로 9세기경에 지어졌다. 많은 보수 공사를 걸쳐 완성된 현재의 성당 정면은 1517년 르네상스 시기의 작품이다.

성당 안으로 들어가면 화려한 장미 창문을 볼 수 있는데, 성모 마리아가 예수를 안고 있는 모습이 매우 인상적이다.

브레 산과 산 살바토레 산
Mt Brè & Monte San Salvatore

P135

브레 산 정거장에서 1번 버스를 타고 TPL Cassarate/Monte Brè에서 하차하면 전동 케이블카 역에 도착한다. 산 살바토레 산 전동 케이블카역은 루가노 파라디소(Lugano Paradiso)에 있고, 기차역에서 도보 5분

브레 산
41-91-971-31-71
산 살바로레 산
41-91-985-28-28

브레 산 9:15~19:00,

현대 미술관
Museo Civico di Belle Arti

P130B2

Villa Ciani, Parco Civico
41-58-866-72-01
41-58-866-74-97
화~일요일 10:00~12:00, 14:00~18:00
성인 CHF5, 학생 CHF3.

museodibellearti@lugano.ch
www.lugano.ch/cultura

현대 미술관(Museo Civico di Belle Arti)은 찬란한 햇살이 쏟아지는 루가노 호수와 마주하고 있다. 현대 미술관은 15~20세기의 회화 작품을 소장하고 있으며 특히 크라나흐(Cranach), 지오바니 세로딘느

루가노 주변에는 높이 1,000m 정도의 산봉우리들이 많이 있어서 높은 곳에 올라 먼 풍경을 관망하는 것은 관광객들이 가장 즐기는 것이 되었다.

브레 산(Mt. Brè, 몬테 브레)과 산 살바토레 산(Monte San Salvatore, 몬테 산 살바토레)은 루가노를 좌우로 나눈다. 케이블카를 타고, 10분에서 20분 정도면 산 정상에 닿을 수 있다. 정상에 오르면 루가노와 루가노 호수의 아름다운 풍경이 한눈에 들어오고 멀리 알프스 산맥과 남부 평원도 보인다.

산 살바토레 산에는 부설 관광 식당이 있어 경치를 감상하면서 맛있는 음식도 먹을 수 있다. 브레 산에는 식당 외에도 작고 귀여운 마을과 성당이 있는데, 산보나 하이킹을 하기에 매우 좋아 하이킹 코스를 통해 산을 내려가도 좋다. 이번 기회에 하이킹 여행을 해 보자.

매시 30분마다 출발.
산 살바토레 산 8:30~23:00,
매시 30분마다 출발.
💲 성인 왕복 CHF20,
아동 왕복 CHF10
🔗 브레 산 www.monte-bre.ch,
산 살바토레 산 www.montesansalvatore.ch

(Giovanni Serodine), 앙리 루소 (Henri Rousseau)의 작품을 이곳에서 볼 수 있다.

이 외에도 17세기에 지어진 건물 본체와 아름다운 색채의 외벽, 그리고 내부의 화려한 천장 벽화가 눈길을 끈다.

시민 공원
Parco Civico

🧭 P130B2

  루가노 호반에 위치한 시민 공원 (Parco Civico, 파르코 치비코)은 다채로운 화초와 식물들이 루가노의 호수, 산과 함께 어우러져 있으며, 루가노 시민들이 산책을 하고 휴식을 즐기는 가장 좋은 장소 중 하나이다. 여름 오후에는 사람들이 이곳

간드리아
Gandria

🧭 P135

🚢 루가노 호수에서 유람선을 타고 20분 정도면 도착한다. 루가노 시내에서 하이킹을 하면 50분에서 한 시간 정도 걸린다.

❗ Ceramiche d'arte Gandria 도자기 가게

호수 여행
Grande Giro del Lago

🧭 P135

🏠 Viale Castagnola 12, CH–6900 Lugano–Cassarate

💲 41–91–971–52–23

📠 41–91–971–27–93

💲 일반 여객선 요금은 거리에 따라 다르다. 1, 3, 7일표는 시간 내에 무제한 이용 가능. 일인당 CHF34, CHF51, CHF62
패키지 CHF20~CHF30

@ info@lakelugano.ch

🌐 www.lakelugano.ch

  루가노의 관광 명소는 모두 루가노 호수 부근에 있기 때문에 여객선을 이용하면 상당히 편리하게 여행할 수 있다. 그와 동시에 호수 위의 풍경도 감상할 수 있어 자유롭게 여유로움을 만끽할 수 있다. 루가노 호수의 여객선은 상당히 빠르다. 루가노 시의 큰 부두로는 루가노(Lugano) 역과 파라디소(Paradiso) 역이 있다. 이미 어느

에 나와 산책과 일광욕을 즐긴다. 이 기회에 호수 도시의 독특한 휴식을 즐겨 봐도 좋을 것이다.

📞41-91-972-57-80

브레 산 기슭에 위치한 간드리아 (Gandria)는 루가노 호수 근처에 위치한 작은 마을로 루가노 여행에서 놓치지 말아야 할 곳 중 하나이다. 백년 역사의 이 작은 도시는 과거 고기잡이를 하던 작은 어촌이었고, 산수가 어우러진 환경은 이곳을 환영받는 관광 도시로 만들었다.

간드리아에 오려면 루가노에서 걸어오거나 유람선을 타면 된다. 유람선을 타면 멀리 가파른 산비탈에 지어진 이 아담한 도시를 볼 수 있다. 빛바랜 건물 벽들은 이 작은 도시가 지나온 세월을 말해 준다. 단촐한 부둣가에 도착하면 소박하고 작은 마을이 당신을 맞이할 것이다.

따사로운 햇볕이 촘촘히 늘어선 집들 사이를 비스듬히 비추고, 돌을 깔아 만든 골목이 구불구불 처마 밑을 지나는 풍경은 이 작은 마을의 특별함을 느끼게 한다. 또 길을 따라 있는 각양각색의 수공 도자기 숍들이 사람들의 발길을 잡는다.

그중 특별히 추천하고 싶은 곳은 세라미크 다르트 간드리아 (Ceramiche d'arte Gandria) 도자기 숍이다. 부부가 운영하는 이곳에서 남편은 도자기를 굽고 부인은 그림을 그린다. 정교한 솜씨의 아이들이 좋아할 만한 작품은 전부 작업장에서 완전수공으로 만들어져 사람들의 사랑을 한껏 받고 있다.

역에서 내릴지 결정한 승객은 직접 여객선으로 가면 되고, 아직 결정하지 못했다면 여객선 회사에서 제공하는 많은 패키지 상품이 있으니 살펴보고 선택하면 된다. 여객선은 루가노 호수의 각종 관광 명소에 정박하고, 식사와 음악회를 제공하기 때문에 로맨틱한 여행이 될 것이다.

스위스 소인국
Swissminiatur

P135

루가노 호수 근처의 Melide 마을은 루가노 호수 유람선을 타면 35분 정도 소요된다. 내려서 도보 5분. 또는 루가노 시내 기차역에서 기차를 타면 약 7분 정도 후 Melide에 도착, 하차 후 도보 5분

41-91-640-10-60
41-91-640-10-69
3~10월 9:00~18:00.
성인 CHF15, 아동 CHF10
info@swissminiatur.ch
www.swissminiatur.ch

스위스가 크지는 않지만 한 번에 요모조모 볼거리를 다 보는 것도 쉬운 일은 아니다. 하지만 방법은 있다. 바로 스위스 소인국(Swissminiature)에 오는 것이다. '한 시간의 스위스 여행'을 테마로 만들어진 스위스 소인국은 섬세한 운영 시스템으로 제한된 공간 안에 스위스 모형을 완벽하게 재현해 놓았다.

융프라우와 마터호른 등의 스위스 명산, 알프스 계곡의 다양한 시골 풍경 속 오두막, 제네바의 생 피에르 성당 등 스위스의 크고 작은 도시들의 유명한 볼거리를 정교하게 설계하고, 1/252비율로 축소시켜 재현해 내었다.

특히 열차가 작은 산과 언덕 사이를 오가는 3,500m의 철로가 매우 인상적이다. 또 음악을 배경으로 위 아래로 어우러진 작은 케이블카와 눈썰매도 생동감이 넘친다. 이 섬세한 소인국에 어른 아이 할 것 없이 모두 빠져 들게 될 것이다.

쇼핑

구시가
Città Vecchia

기차역에서 산을 내려가는 전차를 탈 수 있다. 일인당 CHF1, 산 아래 구시가까지 운행한다.

개혁 광장을 중심에 두고 있는 루가노 구시가(Città Vecchia)는 호수로부터 길들이 방사모양으로 뻗어 있고, 거리와 마을마다 고유의 분위기를 지니고 있다.

작은 길을 따라 카테드랄레 거리(Via Cattedrale)와 살라메 거리(Via Salame) 등의 좁은 골목길에 가면 길 옆으로 각종 토산물과 음식을 파는 노점상이 있어 현지의 맛을 느낄 수 있다. 몸을 돌려 개혁 광장에서 남쪽으로 오면 나싸 거리(Via Nassa)에 도착한다. 명품 매장이 빽빽이 들어서 있는 이곳이 루가노 시내의 가장 주요한 쇼핑가이다. 이곳의 화려한 브랜드 제품은 취리히 등의 대도시와 견줄 만하다.

숙박

Hotel & Hostel Montarina

P130A3
Via Montarina 1
41-91-966-72-72
CHF70~CHF120
www.montarina.com

The Oasis Youthhostel Lugano

Via Cantonale 13,6942 Savosa
41-91-966-27-28
CHF23~CHF50
www.luganoyouthhostel.ch

Atlantico

Karsten Bahn, Via Concordia 12, CH-6900 Lugano
41-91-971-29-21
CHF85~CHF150
www.atlanticolugano.ch

Hotel Carioca

Via Geretta 11 - 6900 Paradiso - Lugano
41-91-994-33-41
CHF50~CHF99
www.ticinohotel.ch

Albergo Acquarello

P130A2   41-91-911-68-68
Piazza Cioccaro 9, CH, 6900 Lugano
CHF72.5~CHF183
www.acquarello.ch

벨린조나

Bellinzona

아마 '벨린조나(Bellinzona)'라는 이름은 스위스를 좋아하는 사람에게도 낯설 수 있다. 하지만 옛 모습을 그대로 간직하고 있는 벨린조나는 티치노 주 여행 중 그냥 지나칠 수 없는 사랑스러운 도시이다. 벨린조나 근교의 구불구불한 산 정상에는 수 백 년 동안 벨린조나와 티치노의 변방을 지켜온 낭만적인 중세 성곽과 성벽이 있다. 2000년, 성곽은 세계문화유산으로 지정되어 스위스가 자긍심을 느끼는 또 하나의 문화유산이 되었다. 추천하고 싶은 벨린조나 여행법은 발길 닿는 대로 골목과 길을 걸으며 자유롭고 여유로운 분위기를 느끼는 것이다.

정보

◎벨린조나 가는 길

벨린조나와 루가노, 로카르노의 교통은 모두 매우 편리하다. 열차를 타는 시간은 모두 25~30분 사이로 거리가 매우 가깝고, 차가 자주 다닌다. 그래서 많은 관광객들이 가격이 비교적 저렴한 벨린조나의 호텔에 투숙하고, 차를 타고 루가노와 로카르노 두 도시를 여행한다.

◎시내 교통

벨린조나 대부분의 관광 명소는 걸어서 닿을 수 있는 거리에 있다. 카스트로 성곽처럼 비교적 먼 지역은 버스를 타고 가고 좋다.

◎벨린조나 여행센터

⌂Palazzo Civico Casella Postale 1419 CH 6500 Bellinzona

☎41-91-825-21-31

🄵41-91-821-41-20

🆅www.bellinzonaturismo.ch

벨린조나 서비스 센터나 세 채의 성곽 서비스 카운터에서 벨린조나 가

이드 통역기를 빌릴 수 있으며, 영어, 독일어, 프랑스어 중 선택할 수 있다. 대여 시간은 10:00~15:45이다. 2인이 함께 사용할 수 있고, 가이드 통역기 안내에 따라 벨린조나의 역사, 문화, 예술 등 모두 22곳에 이르는 명소를 갈 수 있다. 대여료는 CHF5.

카스텔그란데
Castelgrande

 P139A2

 Monte San Michele
 Bellinzona

 41-91-825-81-45

 성곽 내부 정원
 화~일요일 9:00~22:00
 월요일 10:00~18:00
 Murata Sforzesca
 하절기 10:00~19:00
 동절기 10:00~17:00
 Museo Storico
 11~3월 10:00~17:00
 4~10월 10:00~18:00

 12/25, 12/31

 무료
 성 부설 Museo Storico :
 성인 CHF4, 아동 CHF2
 세 군데 성 패키지 :
 성인 CHF8, 아동 CHF4
 산 미켈레 산(Monte San Michele,

몬테 산 미켈레)에 위치한 카스텔그란데(Castelgrande)는 벨린조나에 있는 세 채의 성 중 가장 큰 성이자 알프스와 이탈리아 남부 사이의 교통 관문이었다. 이곳에서는 기원전 5,500~5,000년 신석기 시대에 인간이 출현한 흔적이 발견되었다. 방어 성곽은 4세기에 로마인들이 건축한 것으로 지금의 성곽은 수차례의 대규모 확장 공사와 보수 공사를 거친 결과물이다. 1984~1991년 진행된 가장 최근 공사에서 건축가 아우렐리오 갈페티(Aurelio Galfetti)가 이 역사적 건물에 엘리베이터를 설치하였다.

성곽은 이탈리아 북부의 롬바르드 양식으로 지어졌는데, 이것은 측면 왕관 모양의 성곽을 통해 쉽게 알

몬테벨로 성
Castello di Motebello

 P139B2

 Piazza Collegiata, 혹은 마을의 Noccar에서 걸어올 수 있다. 카스텔그란데에서 출발할 경우 성벽을 따라 걸어오

면 된다.

 Salita ai Castelli
 Bellinzona-Daro

 41-91-825-13-42

 8:00~22:00
 박물관
 3/22~11/5 10:00~18:00

아 볼 수 있다. 현재 성곽 내에는 벨린조나의 역사를 소개하는 역사 박물관(Museo Storico, 뮤제오 스토리코)이 있다.

유네스코 세계문화유산인 세 채의 성곽

밀라노 대공 통치 시기 벨린조나의 공작들은 잇달아 카스텔그란데 확장 공사를 했다. 그리고 13, 15세기에 몬티벨로 성과 사쏘 코르바로 성, 벨린조나를 에워싸는 성벽을 증축하였다. 비록 최후에 티치노 지역이 스위스 영역으로 편입되었지만 이 성곽들이 갖는 역사적 의미는 여전히 사라지지 않고 있다. 2000년 카스텔그란데와 몬테벨로 성, 사쏘 코르바로 성 및 성벽들은 모두 유네스코 세계문화유산으로 지정되었고, 스위스를 세계적인 유적지로 만들었다.

💲무료
부설 박물관 :
성인 CHF4, 아동 CHF2
세 성 박물관 패키지 :
성인 CHF8, 아동 CHF4

몬테벨로(Montebello)는 이탈리아어로 '아름다운 산' 이라는 뜻이다. 카스텔그란데에서 90m 떨어진 산 정상에 위치한 몬테벨로 성(Castello di Montebello)에서 보는 풍경은 매우 아름답다. 벨린조나 전체가 한 눈에 들어오고, 날씨가 좋을 때는 마지오레 호수(Lago Maggiore)까지 보인다. 미풍이 솔솔 불어오면 기분도 상쾌해진다.

성곽 중심 건물은 13, 14세기 사이에 지어졌다. 이 성은 오랫동안 이탈리아 코모(Como) 지방에서 온 루스코니(Rusconi) 가(家)의 소유였기 때문에, 이 부분의 건물은 루스코니 가(家)가 지었을 것이라 추정된다. 성곽 정원과 탑은 15세기에 지어졌다. 오늘날 성의 남측과 북측 성벽은 보존 상태가 매우 양호하며, 전망이 좋은 곳에서는 몬테벨로 성벽과 카스텔그란데 성벽이 이어져 만들어진 중세 방어선이 선명하게 보인다.

또 고딕 건축 양식과 르네상스 건축 양식을 소개하는 부설 박물관이 있으니, 시간이 되면 가서 둘러보자.

사쏘 코르바로 성
Castello di Sasso Corbaro

🔺 P139B3

🚌 시내에서 4번 버스를 타고 Artore에서 하차 후, 도보 3~5분

🏠 Bellinzona-Artore

💲 41-91-825-59-06

🕐 4~10월
화~일요일 10:00~22:00
월요일 10:00~18:00
박물관
3/25~11/5 10:00~18:00

💲 무료
박물관 : 성인CHF4
세 개 성 박물관 패키지 :
성인 CHF8, 아동 CHF4

사쏘 코르바로 성(Castello di Sasso Corbaro)은 세 성 중 도시와 가장 멀리 떨어져 있으며 면적 역시 가장 좁다. 이 성이 지어진 1479년에는 스위스 군대가 밀란 군대를 격파한 '지오르니코(Giornico) 전쟁'이 있었다. 이 전쟁 중 밀란 공작은 대열을 정비한 후 날로 급박해지는 북방의 방어선을 보강하기 위해, 즉시 성곽을 지으라는 명을 내렸다.

이러한 방어 목적 때문에 사쏘 코르바로 성은 아름답지는 않다. 장방형 모양의 4.7m 너비의 성벽이 매우 인상적이다. 17세기의 엠마 홀(Sala Emma Poglia, 살라 엠마 포글리아)에 있는 부설 박물관은 전체가 목조로 지어져 있으며 깊은 역사와 예술적 의의를 지닌다.

쇼핑

구시가와 토요 마켓
Città Vecchia & Saturday Market

P139A2

토요일 8:00~13:00.

카스텔그란데 주변에 위치한 벨린조나 구시가(Città Vecchia)는 콜레지아타 광장(Piazza Collegiata)을 중심으로, 이탈리아 양식의 광장과 르네상스 양식의 건축, 옛 모습의 골목이 어우러져 남방의 정취를 물씬 풍기

고 있다.

여행 서비스 센터는 치비코 궁전(Palazzo Civico)에 있다. 1920년에 재건축하였지만, 여전히 르네상스의 풍격을 유지하고 있다. 여름 오후 햇살이 아치형 회랑의 작은 정원으로 들어와 공간 가득히 따뜻한 느낌이 찬다. 이 외에 산타마리아 델레 그라치에 성당(Chiesa Santa Maria delle Grazie)의 15세기 벽화가 매우 유명하다.

티치노 주(州)의 풍토를 몸소 체험해 보고 싶다면, 벨린조나 구시가의 토요 마켓을 놓쳐서는 안 된다. 그다지 크지 않은 광장과 거리에 가득한 노점과 사람들, 쉼 없이 터져나오는 물건 파는 소리로 남쪽 지역의 열기를 제대로 느낄 수 있다.

이 마켓에는 있어야 할 것은 다 있어서 각종 신선한 토종 식품과 수공예품을 모두 여기서 볼 수 있다. 그중 수공 치즈와 빵은 반드시 먹어보자. 향이 진하고 신선하고 가격 또한 적당해서 인기가 많다.

숙박

Centro Spazio Aperto
Via Gerretta 9a
41-91-826-47-76
CHF16~CHF22
www.spazioaperto.ch

Centro Sportivo Gioventùe Sport
Via Torretta-V
41-91-814-64-51
CHF14~CHF24
www.ti.ch/gs

Bellinzona TI
P139A3
Via Nocca 4
41-91-825-15-22
CHF35.5~CHF49
www.youthhostel.ch/bellinzona

Leon D'Or
P139B1
Via Ludovico il Moro 5
41-91-825-11-79
CHF60~CHF120
www.leon-dor.ch

San Giovanni
Antonella e Luigi Princzes
41-91-825-19-19
CHF50~CHF120
www.hotelzimmer.ch

로카르노

Locarno

산을 뒤로한 채 마지오레 호수(Lago Maggiore)를 안고 있는 로카르노 (Locarno)는 스위스 이탈리아어권의 가장 인기 있는 휴양지 중 하나이다. 16세기 말에 정식으로 스위스로 편입된 로카르노는 정치, 종교 모두 이탈리아로부터 깊은 영향을 받았다. 그래서 로카르노에는 스위스의 질서정연함과 이탈리아의 정열이 공존하고, 여행객들은 로카르노를 가장 사랑하는 휴양지로 손꼽는다. 로카르노에서는 일 년에 한 번씩 국제 영화제가 열린다. 전 세계가 모이는 성대한 영화 축제로 매년 15만 명이 넘는 사람들이 이 행사를 보러 온다.

정보

◎로카르노 가는 길

루가노에서 로카르노 행 열차를 타고 벨린조나에서 갈아탄다. 대략 50분 정도 소요된다. 브리그에서 로카르노 행 열차를 타고 스위스–이탈리아 국경의 도모도쏠라에서 환승(여권 필요), 대략 2시간 반이 소요된다.

◎로카르노 여행 센터

⌂ Via B. Luini 3

☏ 41-91-791-00-91

🅵 41-91-785-19-41

@ buongiorno@maggiore.ch

🕸 www.maggiore.ch

그란데 광장
Piazza Grande

◆ P144A2

옛 모습을 그대로 간직한 건물들로 둘러싸인 그란데 광장(Piazza Grande)은 로카르노의 중심이자 만남의 장소이다. 쇼핑과 차를 마시기에 좋은 곳이지만 매년 8월 로카르노 국제 영화제가 시작되면 180도 변하여 사람들이 붐비는 노천 영화관으로 변신한다.

로카르노 국제 영화제
Festival del Film Locarno

🌐 www.pardo.ch

1948년 시작된 로카르노 국제 영화제(Festival del Film Locarno)는 로카르노를 유명하게 만든 일등공신이다. 매년 전 세계에서 15만 명이 넘는 사람들이 모여들어서 '최대의 지역축제'라는 명성을 얻기도 했다. 현재 로카르노 국제 영화제는 세계 5대 영화제 중 하나로, 축제 기간에는 관객들 외에도 많은 스타들이 참가하여 해마다 그 열기를 더해가고 있다.

로카르노 국제 영화제는 매년 8월 초 2주 동안 열린다. 낮에는 시내의 영화관에서 상영하고, 밤이 되면 7,500명을 수용할 수 있는 광장 노천 영화관에서 상영을 한다. 영화제에 참여하고 싶다면 계획을 빨리 짜야 한다. 특히 숙소를 잡지 못해 고생할 수 있으니 호텔은 빨리 잡을수록 좋다.

구시가
Città Vecchia

P144A2

북이탈리아 특유의 느낌은 로카르노 구시가(Città Vecchia)의 곳곳에 스며들어있다. 로카르노가 속한 티치노 주(州)는 역사상 줄곧 이탈리아 밀라노에 속해 있었기 때문에 건축 양식 역시 자연히 이탈리아의 영향을 받았다. 특히 이탈리아 북부의 롬바르드 양식을 주로 닮아 있는데, 로카르노의 구시가도 예외는 아니다.

로카르노 구시가는 그란데 광장 서편의 산 안토니오 거리(Via San Antonio)와 시타델라 거리(Via Cittadella)가 중심이다. 길 양편의

비스콘티 성
Castello Visconteo

P144A2

Piazza Castello 2, CH-6600 Locarno

4~10월
수~금요일 10:00~12:00,
14:00~17:00,
토, 일요일 10:00~17:00

41-91-756-31-70

41-91-756-32-68

고고학 박물관 입장료 일인당 CHF5

비스콘티 성(Castello Visconteo)은 원래 로카르노의 명문귀족 오렐리 가(家)의 소유였다가 14세기에 밀라노 비스콘티 공작의 소유로 바뀌었다.

15세기에 비스콘티 가(家)는 성곽을 보수, 확장하였고, 그 당시 성곽은 지금의 6~7배 크기였다고 한다. 그러나 좋은 때는 오래 가지 않는

마돈나 델 사쏘 성당
Santuario della Madonna del Sasso

P144A1

전동 케이블카를 타고 하차 후 도보 3~5분

성당 6:30~19:00,
부설 미술관
4~10월 일~금요일
14:00~17:00

무료
미술관 일인당 CHF2.5

높은 곳에 위치한 마돈나 델 사쏘 성당(Santuario della Madonna del Sasso)은 로카르노에서 가장 관심을 끄는 명소로 로카르노의 신앙과 건축사에 있어 매우 중요하고 신성한 의미를 갖는다.

이 성당에 대해 매우 기이한 이야기가 전해 내려오고 있다. 1480년 여름 한밤중, 프란체스코 수도회의 한 수도사가 멀리 밤하늘을 쳐다보다가 교외의 가파른 산기슭에 성모 마리아가 예수를 안고 있는 환상을 보게 된 후 꿈에 성모 마리아가 나와 그곳에 성당을 지으라고 했다고 한다. 그래서 1487년에 준공을 시작하고 현지의 신도들이 릴레이식으로 지은 결과, 마돈나 델 사쏘 성당은 1650년에서야 비로소 완공되었다.

성당은 완전히 신도들의 노력과 헌금으로 지어져서 공간 설계는 조잡할지 몰라도 성당의 아름다움과 장엄한 분위기는 다른 성당과 비교해도 부족함이 없다. 특히 밝은 금색 벽과 적갈색 기와는 푸른 하늘과 맑은 호수에 잘 어우러져 있어 그 우아함과 눈부심에 사람들이 찬탄해 마지않는다.

성당 안의 천장과 벽면에는 화려

아름다운 건물들 대부분이 16~17세기에 지어졌으며, 모두 로카르노 귀족과 재력가들의 소유였다.

이러한 집들 대부분은 대가족이 함께 살기 위해 아치형 장식의 복도로 주요 건물들을 연결해 놓고 있다. 그리고 하늘이 보이는 정원이 있어 독립적인 가족 공간을 형성하고 있다. 건축 양식에 대해 말하자면 후기 바로크 양식과 로카르노의 특색이 결합된 것으로 산뜻한 색상의 벽면과 정교한 장식의 정원이 특히 훌륭하다. 이를 보면 마치 이탈리아 세계로 들어가는 것 같다.

관심이 있다면 이곳의 이탈리아식 정원에 꼭 가 보자. 카사 루스카(Casa Rusca) 미술관과 산 안토니오 거리에 있는 골동품 매장 모두 보존 상태가 좋은 전형적인 로카르노 건물들이다. 특히 이 골동품 매장에는 유명한 벽화가인 오렐리(Orelli) 부자의 작품이 많이 보존되어 있으니 오래 머무르며 작품을 감상하자.

법, 16세기 북방에서 온 스위스 군에게 로카르노가 함락되면서, 이탈리아 권문세족의 상징이었던 비스콘티 성도 함락되었다. 현재는 남은 유적들을 통해 당시의 웅장했던 모습을 회상할 뿐이다. 하지만 15세기의 내부 정원과 벽화는 여전히 어렴풋이 볼 수 있다.

현재 성곽 내부는 고고학 박물관으로 용도를 바꾸어 로마 시기와 청동기 시기의 유리와 도자기를 전시하고 있다.

하고 진귀한 벽화들이 있다. 모세의 이집트 탈출을 그려놓은 벽화는 16세 기의 화가 브라만티노(Bramantino)의 작품이다.

영험함으로 유명한 이 성당의 벽에는 신도들이 보낸 '저에게 베푸신 은총에 감사드립니다.'라는 의미의 'Grazia Ricevuta(그라치아 리체부타)'가 적힌 감사패들로 가득하여 성모 마리아에게 감사드리는 신도들의 마음을 잘 느낄 수 있다.

산 프란체스코 성당
Chiesa di San Francesco

P144A2

Via Cittadella 20, CH-
6600 Locarno

산 프란체스코 성당(Chiesa de San Francesco)은 1332년 지어졌고 성가대 좌석과 반달 모양의 천

산 안토니오 성당
Chiesa di Sant' Antonio Abate

P144A2

Via Sant' Antonio

산 안토니오 성당(Chiesa di Sant' Antonio Abate)은 1692년에 세워졌다. 내부 양식은 바로크 양식이지만 문과 천장이 한번 무너져서 1863년, 신고전주의 양식으로 다시 지었다.

카사 루스카
Casa Rusca

P144A2

Piazza S. Antonio, CH-
6600 Locarno

41-91-756-31-85

41-91-751-98-71

수~일요일 10:00~12:00,
14:00~17:00

CHF5

로카르노 구시가에 있는 카사 루스카(Casa Rusca)는 18세기에 현지 귀족이 지은 것으로 Rusca는 바로 명문귀족의 성이었다.

신교회
Chiesa Nuova

P144A2

Via Cittadella

이름은 신교회(Chiesa Nuova, 끼에자 누오바)이지만, 1630년에 건장은 14세기에 만들어졌다. 예배당은 1528년에 대부분 완공되었고, 교회의 정문은 스위스 군대가 비스콘티 성을 부순 돌로 만든 것이다. 자세히 보면 교회 정문의 외벽에 아직도 글자가 새겨져 있는 것을 볼 수 있는데, 현지 명문귀족이 정치 회의를 할 때의 내용 등이 적혀

성당 안에 들어가면 눈을 어디 두어야 할지 모를 정도로 화려한 바로크 양식과 눈길을 사로잡는 성찬 식탁이 있다. 이 식탁에 로카르노에서 꽤 유명한 벽화가인 오렐리(Orelli)가 그린 예수의 죽음을 묘사한 그림이 있다. 이외에 15세기에 만들어진 성모 마리아 도금 목상도 상당히 볼 만하다.

현재 카사 루스카는 매우 완벽하게 보존되었으며, 내부의 정원과 전체 건물의 구조는 전형적인 로카르노식 이탈리아 양식으로 본체건물이 특히 볼 만하다.

카사 루스카는 이미 로카르노 시립 미술관이 되었는데, 20세기 당대 미술 회화와 조각들을 주로 전시하고 있다. 그중에는 노년을 로카르노에서 보낸 다다이즘 예술가 한스 아르프(Hans Arp)의 작품도 있다.

축된 오랜 역사의 교회이다. 단지 이 교회를 지을 당시 다른 교회들보다 새 것이어서 '신교회'라고 이름 지었고, 지금까지 그렇게 부르고 있을 뿐이다.

신교회를 지을 당시는 마침 흑사병이 지난 지 20년이 지났을 때였다. 그래서 교회 서편 입구에는 역병을 물리치는 능력을 가진 성 크리스토프 조각을 장식했다. 바로크 양식의 화려하게 장식된 기둥과 대들보가 매우 아름답다.

있다. 성당 바로 왼편의 건물은 산 프란체스코 수도원이 있던 자리이다. 1480년 바르톨로메오(Bartolomeo) 수도사가 마돈나 델 사쏘 성당을 짓게 만든 성모의 환영을 목격한 곳이 바로 이곳의 다락방이라고 한다.

베르자스카 계곡
Val Verzasca

베르자스카 계곡 여행 센터
⌂ Diga Verzasca, CH-6596
   Gordola
☎ 41-91-730-92-50
@ infoshop@verzasca.com
🌐 www.tenero-tourism.ch

로카르노는 많은 계곡물이 흘러 모이는 마지오레 호수 부근에 위치하고 있다. 물이 깎아 만든 상쾌하고 신선한 계곡은 로카르노 시민들이 가장 좋아하는 휴식처이며 베르자스카 계곡(Val Verzasca) 역시 그 중의 하나이다.

로카르노와 1.5km 떨어진 베르자스카 계곡은 테네로 시를 기점으로 산 속으로 뻗어있으며 로카르노 주변의 산 계곡 중 길이가 가장 짧다.

베르자스카 계곡은 최근 인기를 얻은 신흥 관광 지역이다. 주민들은 과거에 모두 농업에 종사하면서 도시가 필요로 하는 우유와 치즈 등의 농산품을 생산하였다. 과거 이곳의 주민들은 대부분 여름철에만 계곡에서 살고 겨울에는 따뜻한 지역으로 이동하였다.

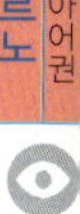

이기도 하지만, 세계에서 낙차가 가장 큰 번지 점프장 중의 하나로 영화 '007 골든아이'가 바로 이곳에서 번지 점프를 하는 장면으로 영화의 첫 화면을 시작하였다.

살티 로마식 다리
Pont dei Salti

Lavertezzo시에 위치

살티 로마식 다리(Pont dei Salti)는 베르자스카 계곡의 두 번째 휴식처이다. 이미 250년의 역사를 거쳐온 높이 12m의 아치형 로마 다리는 베르자스카 계곡의 짙푸른 자연과도 잘 어우러져, 영화 촬영 장소로도 인기가 많다.

여름의 짙푸른 녹음에 매료된 많은 관광객들은 이곳에서 물놀이와 일광욕을 즐긴다. 많은 젊은이들이 다이빙을 즐기는데 다리 가장 높은 곳에서 뛰어내려 상쾌한 물속에 뛰어드는 동시에 관중의 우레와 같은 박수를 받는다.

소노뇨 Sonogno

소노뇨(Sonogno)는 베르자스카 계곡 가장 마지막 암벽의 작은 마을로, 돌로 만들어진 전통 가옥이 유명하다. 100년에서 300년 정도 된 집들이 산기슭을 따라 들어서면서 마을을 형성하였다. 노부인이 만든 잼과 빵을 길에서 파는 모습과 시간이 멈춘 듯 고즈넉한 모습이 매우 한가롭다.

과거 계곡에서의 생활조건이 그렇게 좋은 편은 아니었지만, 오늘날 관광업이 발달하면서 옛 건물들이

베르자스카 댐
Verzasca Dam

Trekking Team
☎41-91-780-78-00
🌐www.trekking.ch

220m 깊이의 초대형 베르자스카 댐(Verzasca Dam)은 유럽에서 가장 큰 댐이다. 수력 발전을 위한 것

진가를 발휘하여 좋은 숙소가 되고 있다. 집주인들이 정성스레 집을 수리하여 긴 세월에 퇴색해버린 느낌이 조금도 들지 않는다. 여름에는 살며시 불어오는 미풍에 꽃들이 살랑인다. 여기까지 여행을 오면 완벽한 마무리를 하게 된다.

코리포 Corrippo

소노뇨의 높은 지명도와는 다르게 소수의 사람들만이 아는 작은 마을인 코리포(Corrippo)는 오래된 집들이 계곡 모퉁이에 고요히 서 있고, 비탈길을 따라 집들이 모여 있어서 오히려 더 정겹고 그윽한 분위기가 흐른다. 한적한 골목길을 걷다 보면 번잡스러운 세상일을 모두 잊게 될 것이다.

관광객이 적어 코리포의 집들 대부분은 이미 사람이 살고 있지 않다. 집들이 아직 완벽히 손질되지 않았지만 오히려 원시적인 아름다움이 있어 계곡에서의 옛 생활을 추측해 보기에는 더할 나위 없이 좋은 곳이다.

H 숙박

Hotel Belvedere Locarno

⌂ Via ai Monti della Trinità 44, CH-6601 Locarno
☏ 41-91-751-03-63   📠 41-91-751-52-39
💲 CHF110~CHF325
@ info@belvedere-locarno.com
🌐 www.belvedere-locarno.com

산기슭에 위치한 Hotel Belvedere Locarno는 사성급 호텔이다. 호수를 바라보고 있는 풍경은 매우 상쾌하고, 마지오레 호수의 몽환적 빛은 여름철 다채로운 꽃들과 어우러져 휴가 분위기를 한껏 들뜨게한다. 특히 부설 식당은 유리로 되어 있어 바깥의 풍경이 한 눈에 다 들어와 음식의 맛을 더욱 좋게 한다.

Hotel Belvedere Locarno는 위치가 매우 좋다. 시내의 그란데 광장과 기차역에서 모두 걸어서 도착할 수 있는 거리에 있고, 호텔 후문 쪽에 전속 전동 케이블카 정거장이 있어, 마돈나 델 사쏘 성당에 직접 갈 수 있다.

Hotel Garni Geranio Au Lac
🅰 P144B1
⌂ Via Varenna 79
☏ 41-91-743-15-41
💲 CHF144~CHF188
🌐 www.maggiore.ch

HI Hostel
🅰 P144A2
⌂ Palagiovani, Via Varenna 18
☏ 41-91-756-15-00
💲 CHF33.5
🌐 www.hihostels.com

Pensione Città Vecchia
⌂ Via Torretta 13 - 6600 Locarno
☏ 41-91-751-45-54
💲 CHF40
🌐 www.ticinohotel.ch

Hotel Dellavalle
⌂ Via Contra 45
☏ 41-91-735-30-00
💲 CHF80~CHF340
🌐 www.bestwestern.ch/dellavalle

Hotel Dell Angelo
🅰 P144A2
⌂ Piazza Grande
☏ 41-91-751-81-75
💲 CHF70~CHF220
🌐 www.hotel-dell-angelo.ch

아스코나

Ascona

아스코나(Ascona)는 원래 마지오레 호수 근처의 작은 어촌이었다. 그러나 20세기 초 자연을 찾던 문인들이 이곳의 태양과 공기, 그리고 풍경을 보고 난 뒤부터 이 작은 도시의 운명이 바뀌었다.

현재의 아스코나는 '마지오레 호수의 진주(Pearl of Lake Maggiore)' 라고 불릴 만큼 유명한 관광 명소가 되었다. 옛 모습을 그대로 간직한 중세의 건물과 세기 초 예술가들이 다량으로 남긴 작품들은 많은 관광객들이 이곳을 찾는 이유가 되었다. 이 외에도 매년 6~7월에 열리는 아스코나 재즈 페스티벌(Ascona Jass Festival)은 여름철 관광객들을 유혹하고 있다.

정보

◎아스코나 가는 길

아스코나는 로카르노에서 동남쪽으로 2km 떨어진 곳에 있으며, 로카르노에서 버스를 타고 10분 정도면 도착한다. 루가노에서 아스코나 행 기차를 타면 1시간 반 정도 소요된다.

◎아스코나 여행 센터

🏠 Viale Papio 5, 6612 Ascona

💲 41-91-791-00-91

📠 41-91-785-19-41

@ www.ascona.ch

✉ buongiorno@maggiore.ch

👁 명소

파피오 대학
Collegio Papio

📍 P154
🏠 Collegio Papio, CH-6612 Ascona
📞 41-91-785-11-65

파피오 대학(Collegio Papio)의 내부는 두 부분으로 나뉘는데 하나는 학원이고, 또 다른 하나는 산타 마리아 델라 미세리코르디아 성당(Chiesa Santa Maria della Misericordia)이다. 1399년에 지어진 성당 중전의 실내 벽화가 아름답다. 특히 교회 정면 아치형 다리 위와 아치형 다리 내부의 벽화가 가장 정교하고 신비롭다.

파피오 대학은 1580년 즈음 아스코나 주교가 건축하였다. 회랑의 벽에 걸려있는 목판에는 역대 교장과 책임자의 이름이 적혀 있다. 가장 찬미받는 것은 르네상스식 정원 내의 이층 아치형 회랑이다. 위아래

복층이 아름다운 활 모양을 하고 있는 것은 티치노의 오랜 건축물 중에서 찾아보기 힘든 구조로 매우 독특하다. 또 이곳은 일 년에 한 번 열리는 아스코나 재즈 페스티벌의 공연 장소 중 하나이다.

아스코나 무지개 왕국

1900~1940년에 화가와 철학가, 영화 스타를 포함한 한 무리의 유럽 문인들이 앞 다투어 아스코나 근교의 베리타 산(Monte Verita)에 몰려왔다. 이 산은 이탈리아어로 '진리의 산'이라는 뜻을 가지고 있어 모든 가식을 벗고 태초로 돌아가려는 그들의 갈망과 맞아 떨어졌다. 이 자급자족 사회는 '레인보우'라는 이름을 얻었고, 이들의 자연 숭배 주의는 매우 빠르게 유럽 전역에 퍼져 아스코나는 유명해지기 시작했고 현대의 유토피아를 이루

었다.

현대 미술관
Museo comunale d'arte moderna

🛬 P154

🏠 casella postale 675,via Borgo 34,
CH-6612 Ascona

🕐 화~토요일 10:00~12:00,
15:00~18:00.
일요일과 공휴일
10:00~12:00, 16:00~18:00

📞 41-91-759-81-40

📠 41-91-759-81-49

💲 성인 CHF10, 아동 CHF7

@ museo@ascona.ch

🌐 www.museoascona.ch

아스코나 현대 미술관(Museo comunale d'arte moderna, 뮤제오 코뮈르날 다르트 모데르나)의 설립과 청기사(Der Blaue Reiter)사조의 러시아 표현주의 여성화가 마리 베레프킨(Marianne Werefkin, 1860~1938)의 인연은 매우 깊다.

아스코나의 태양과 공기, 그리고 푸른 하늘을 사랑한 한 무리의 예

세로디네의 집
Casa Serodine

🛬 P154

🏠 Piazza del Municipio

세로디네의 집(Casa Serodine, 카사 세로디네)은 아스코나에서 가장 중요한 바로크식 건물이다. 1620년 보수 공사 시 설치한 건물 정면의 조각은 조각가 지오바니 바티스타 세로디네(Giovanni Battista Serodine)의 작품으로, 그 화려한 모습에 사람들은 발길을 멈춘다.

사람들의 감탄을 자아내는 공예 기술 외에도 이 조각의 주제 역시 세로디네의 집의 큰 특색이다. 바로 '아담과 이브의 선악과' 또는 '다윗 왕이 결혼 전 얻은 아이' 등의 이야

기이다. 물론 후세 자손들이 경계하길 바라는 마음이었겠지만, 보수적이고 봉건적인 그 시대에 이렇게 대담하고 적극적인 행동을 취했다는 것은 매우 놀랍다. 그리고 이것이 이 건물을 불후의 명작으로 만들었다.

술가들이 아스코나에 와서 그들의
예술 왕국을 세웠는데, 베레프킨은
그 무리를 지휘한 주요 인물 중 하
나이다.

 1918년, 베레프킨은 아스코나로 이
주해 장기간 거주하면서 아스코나
에 대한 열렬한 사랑으로 사회 사
업에 몰두하기 시작했는데, 이는 아
스코나의 현대화를 촉진하였다. 베
레프킨의 그림은 색채가 풍부하고,
특이한 붓터치로 정평이 나 있다.
주제는 주로 러시아에 대한 것이
많고, 산과 강, 밤하늘과 오두막 등
일상적 사물이 그녀의 그림에서 따
뜻한 정취를 풍기고 있어 사람들로
하여금 끝없이 음미하게 만든다. 그

녀는 자신의 작품을 아스코나 정부
에 기증했고, 그녀를 찾아온 예술가
친구들도 그녀를 방문하기 위해 아
스코나에 최소한 한 작품씩을 기증
했다. 이것이 지속되면서 아스코나
가 소장하게 된 많은 작품들이 현
대 미술관 설립의 튼튼한 기초가
되었다.

 아스코나 현대 미술관은 베레프킨
의 작품을 대량 보유하고 있으며,
그 외에도 알렉세이 야블렌스키
(Alexei Jawlensky), 폴 클레(Paul
Klee)도 일찍이 이곳에 거주하여
현대 미술관에서 그들의 작품을 만
날 수 있다.

🎁 쇼핑

G. Motta 광장 &
화요 마켓
Piazza G. Motta & Tuesday Market

P154

 마지오레 호수를 마주하고 있는
G. Motta광장(Piazza G.Motta)은
아스코나 관광객들이 가장 많이 모
이는 곳이다. 죽 늘어서 있는 노천
카페와 식당, 브랜드숍은 너무 많아
서 다 볼 수가 없을 정도이다. 이것
이 창밖의 경치 외에 마지오레 호
수를 유명하게 만든 또 하나의 볼
거리이다. 일반 영업시간 외에 매주
화요일 10:00~17:00(하절기 16:00
까지) 길거리 마켓이 열려 관광이나
쇼핑을 할 수 있다.

기차로 스위스 여행 가기

Travel By Rail

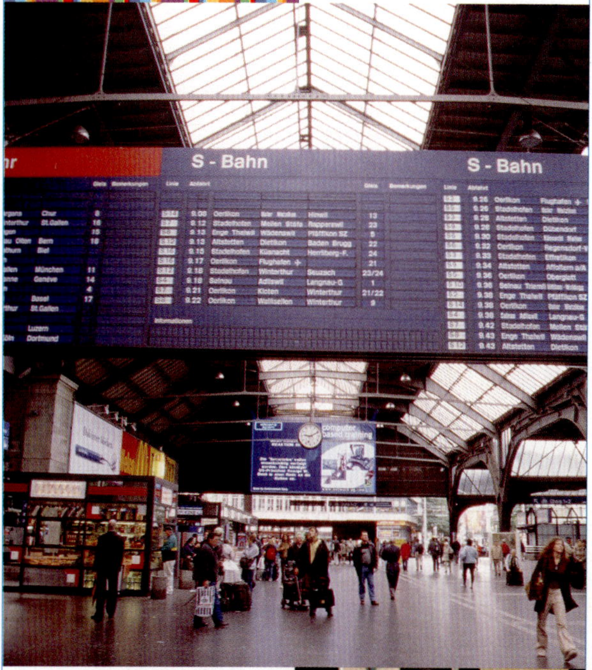

스위스 철도는 유럽 철도의 대표작 중 하나이다. 완벽한 철도망과 빈번한 운행 횟수 등으로 여행객들은 수월하게 하루 안에 크고 작은 도시들을 횡단할 수 있다.

스위스 철도는 스위스 연방 철도국(독어 약칭 SBB, 프랑스어 약칭 CFF, 이탈리아어 약칭 FFS)가 주로 관리 · 경영하고 있고, 일부 지선과 등산열차 노선은 민영회사가 운영하고 있다.

다른 국가들과 비교해 보았을 때, 기차의 종류와 티켓 종류가 비교적 간단하고, 스위스 패스나 유레일 패스만 있으면, 소액의 별도 요금을 지불해야 하는 일부 민영 노선을 제외하고는 스위스 전역을 돌아다닐 수 있다.

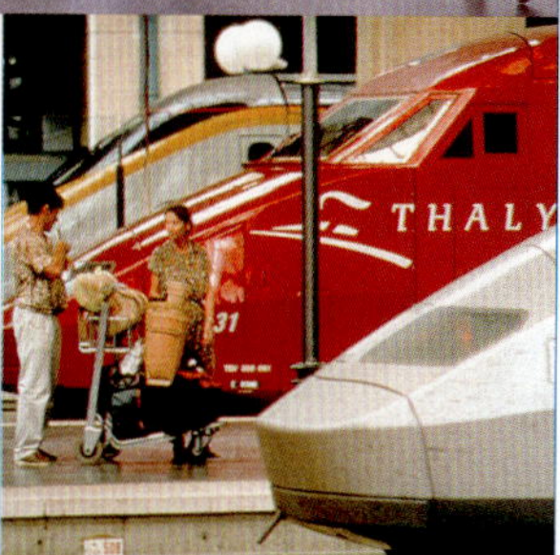

국제 열차 대공개

서북 열차 Thaly

- 제네바 Genève–파리 디즈니랜드 Disneyland Paris–브뤼셀 Brussels
- 제네바–파리 디즈니랜드: 3시간 21분.
  제네바–파리 CDG공항 : 3시

간 38분.
제네바-브뤼셀 : 4시간 58분
☀객실은 일등실과 이등실 두
종류이고, 식당 칸이 있다.
💲노선과 좌석 등급에 따라 다
르다.
😊일등실은 식사가 제공되고(조
식 혹은 석식), 그 외에는 식
당 칸에서 자신이 준비해 온
음식을 먹을 수 있다.
🚈www.thalys.com

프랑스 고속 열차
TGV "Ligne de Coeur"

🔵제네바 Genèva-파리 리옹
역 Paris Gare-de-Lyon-제
네바 Genève. 취리히/로잔
Zürich/ Lausanne-파리 리
옹 역 Paris Gare-de-Lyon.
🟢취리히-파리 : 6시간 08분,
제네바-파리 : 3시간 30분,
로잔-파리 : 4시간 10분.
☀객실 등급은 일등실(110개)과
이등실(240개), 두 종류가 있
고 식당 칸이 있다.
💲여정과 좌석 등급에 따라 차
이가 있다.
❗일등실은 한 번의 식사가 제
공되고, 그 외에는 식당 칸에

서 자신이 준비해 온 음식을
먹을 수 있다.
🚈www.sbb.com

스위스, 이탈리아, 독일을 횡단
하는 고속 파노라마 열차
Cisalpino(CIS)

🔵취 리 히 - 밀 라 노 - 피 렌 체
(Zürich-Milan-Firenze).
바젤-밀라노-베니스(Basel-
Milan-Venice).
슈투트가르트-취리히-밀라노
(Stuttgart-Zürich-Milan)
🟢취리히-밀라노-피렌체 :
6시간 53분.
바젤-밀라노 : 4시간 33분.
제네바-밀라노-베니스 :
6시간 52분,
슈투트가르트-취리히-밀라노 :
6시간43분
☀일등실 3칸(151개 좌석),
이등실 5칸(324개 좌석),
주류와 식사 가능한 식당 1칸,
특등실 민영 음악 채널 청취
와 노트북 콘센트 구비.
💲노선과 계절, 그리고 좌석 등
급에 따라 다르다.
😊식당 칸에서 식사를 주문할
수 있고, 자신이 준비해 온 음

식을 먹을 수 있다.
www.cisalpino.ch

Swiss Pass 사용법

스위스에서 주로 사용하는 열차표는 스위스 패스(Swiss Pass)이다. 이 외에도, 스위스 역시 유레일 패스와 유로 패스 사용 지역에 속해 있어 이 두 종류의 카드를 가진 승객은 여러 특혜를 누릴 수 있다.

스위스 패스 Swiss Pass

1. 유효기간 내에 스위스 국경 안의 35개 도시에서 무제한으로 기차, 배, 포스트 버스, 시내버스, 전차 등의 대중교통을 이용할 수 있다. 식사와 좌석 지정, 침대칸 이용은 포함되지 않는다.

2. 베르니나 특급(Bernina Express), 빙하 특급(Glacier Express), 골든 패스(Golden Pass), 윌리엄텔 특급(William Tell Expresss)을 이용할 수 있다. 사전 예약이 필요하고, 예약비를 지불해야 한다.

3. 각 도시의 박물관 입장료, 시내 가이드 관광, 등산 열차, 케이블카, 자전거 이용, 스키 용품 대여 시 특혜가 있다.

4. 스위스 패스 소지자는 국제 고속 열차 Lyria (France-Switzerland TGV)와 Genève Med TGV and Genève Med 탑승 시 유럽 연합 특혜가로 이용할 수 있다.

5. 스위스 패스를 구매한 여행객은 출발 전 여행사나 주요 도시의 기차역에서 무료로 스위스 패밀리 카드(STS Family Card)를 신청할 수 있다. 스위스 패밀리 카드를 소지한 여행객과 동반한 자녀(6세~16세 제한)는 무료로 스위스 국경 내의 기차, 배, 버스 등의 교통 시설을 이용할 수 있다. (성인 1인, 아동 1인)

6. 처음 열차 탑승 전, 기차역 데스크로 가서 티켓의 유효 기간을 확인받아야 한다. 스탬프를 찍어야 정식으로 효력이 인정되며 스탬프를 찍은 티켓은 바로 사용할 수 있다. 만약 고속 열차를 이용한다면 매일 최초 탑승 시 볼펜으로 티켓의 날짜 란을 기입해야 한다. 티켓 확인 시 공란으로 남아 있으면 고액의 벌금을 징수한다.

주의 사항

1. Swiss Card 혹은 Swiss Transfer Ticket은 하루 코스 여행만 허용된다. 사전에 출입 지점을 지정할 필요는 없지만, 출발지는 반드시 스위스 공항 또는 근처의 국

경 내 도시여야 하고, 종착지 역시 스위스 공항 또는 근처 지역이어야 한다.

2. 일반 열차가 국경을 통과할 경우, 반드시 해당 국가의 비자를 가지고 있어야 한대(하차 전일 경우라도 열차가 국경을 지나고 있는 경우는 포함). 기차표와 여권을 검사하기 쉽도록 같이 두는 것이 좋다.

3. Pass에 유효 기간 도장을 찍지 않았고, 한 번도 사용하지 않았다면 환불할 수 있다. 환불은 구매 후 일 년 이내에 해야 하고, 표 값의 15%가 제해진다. 분실하였거나 도둑맞은 경우, 추가 발급과 환불은 받을 수 없다.

4. 스위스 환승 티켓(Swiss Tranfer Ticket) : 스위스 공항 혹은 변두리 도시에서 스위스 국경 내 지정 도시까지 두 구간 무료로 열차를 탑승할 수 있다.

5. 스위스 여행 카드(Swiss Card) :

스위스 공항 혹은 변두리 도시에서 스위스 국경 내 지정 도시까지 두 구간 무료로 열차를 탑승할 수 있다. 스위스 국경 내의 기차, 유람선, 버스 이용 시 50% 할인 혜택을 받을 수 있다.

옷 사이즈 조견표			
Korea	Swiss	UK	US
44	36	6-8	0-2
55	38-40	8-10	4-6
66	42-44	12-14	8-10
77	46-48	16-18	12-14
88	50-52	20-22	16-18

신발 사이즈 조견표			
Korea	Swiss	UK	US
230	36.5	4	6
235	37	4.5	6.5
240	37.5	5	7
245	38	5.5	7.5
250	38.5	6	8
255	39	6.5	8.5
260	40	7	9
265	40.5	7.5	9.5
270	41	8	10
275	42	8.5	11.5

스위스

자유자재로 여행하기

Travel in Switzerland

스위스 국가정보

위치 : 유럽 중부 내륙

수도 : 베른(Bern)

언어 : 독일어, 프랑스어, 이탈리아어, 로망스어

기후 : 지중해성, 서안해양성

면적 : 4만 1,284㎢

종교 : 카톨릭(46%), 개신교, 기타

스위스 공항정보

스위스에는 베른·취리히·제네바에 국제공항이 있다. 현재 우리나라에서는 대한항공에서 인천- 취리히까지의 직항 편을 제공하고 있다. 이 밖에도 스위스항공을 이용하여 오사카를 경유해서 갈 수도 있고, 에어프랑스, 루프트한자와 같은 유럽항공을 이용하면 유럽의 주요 도시들을 거처 갈 수 있다. 공항에서 시내까지는 택시나 S-Bahn을 이용한다.

전압

220V, 50Hz. 플러그는 2핀 방식과 3핀 방식을 모두 사용한다.

환율

1 스위스 프랑(CHF)은 약 1020.13

원이다.(2008년 5월 27일 기준)

환전

유럽의 다른 국가에서 스위스로 이동했다면 굳이 스위스 프랑으로 바꿀 필요는 없다. 길거리의 소규모 상점을 제외하면 대부분 유로도 받는다. 우리나라에서 바로 스위스로 입국하는 경우에는 외환은행이나 인천공항에서 환전이 가능하고 현지 현금인출기에서도 환전이 가능하다. 단 국내 계좌에 필요한 만큼의 잔고가 있어야 하며 인출할 때마다 수수료가 부과된다는 것에 주의하자.

기후

북부 고산 지대는 높은 산으로 둘러싸여 있기 때문에 날씨가 춥다. 알프스 산 이남의 중남부는 지중해성 기후로, 기온이 북부보다 높다. 고산의 명소들은 해발 고도가 높기 때문에 일 년 내내 눈이 쌓여 있고, 일교차가 크다. 때문에 여름에 스위스에 가더라도 방한복을 준비해 가야 한다.

시차

스위스는 한국보다 8시간이 느리다. 단, 서머타임이 적용되는 3월말부터 10월말까지는 1시간 빨라진다.

비자

여행 목적으로 체류기간이 3개월 이내일 경우에는 비자가 필요하지 않다. 우리나라 여행자들이 많이 방문하기 때문에 입국 심사 시 특별한 질문을 하지도 않는다. 입출국 시 여권에 스탬프도 찍어주지 않으며 별도의 세관신고서를 작성할 필요도 없다.

세관

주류 반입한도 알코올 농도 15도 이하 2ℓ, 알코올농도 15도 이상 1ℓ, 담배는 400개피, 시가 100개, 잎담배 500g, 면세품 반입은 100 스위스 프랑 한도의 구입에 한해 허용된다.

[출처] 스위스 출.입국.비자.세관 | 작성자 레만

우체국

영업시간은 월요일~금요일 8:00~12:00, 14:00~18:30. 토요일은 8:00~11:00. 대도시 우체국 본점은 긴급과 연장 업무를 한다.

세금

Tax Free라고 써져있는 상점에서 하루 구매량이 CHF400을 초과했을 경우 7.6%의 VAT(부가세) 환불 신청을 할 수 있다. 신청인은 먼저 상점에서 세금 반환 양식을 작성한 후, 국경을 벗어날 때 구매한 상품을 소지하고, 공항의 컴퓨터 스크린 카운터에서 소속을 밟는다. 검사가 끝나면, 신청인은 인증 도장이 찍힌 양식을 봉투에 넣고 표시에 따라 집어넣으면, 며칠 후, 우편으로 현금을 받거나 지정한 신용카드 계좌로 수령할 수 있다.

팁

모든 술집과 음식점은 이미 가격에 15%의 봉사료를 포함하고 있다. 그러나 서비스가 좋다면 별도로 팁을 주어도 된다. 일반적으로 호텔이나 정거장의 벨보이에게는 각 짐당 1~2CHF의 팁을 준다. 이 외에도 택시를 탈 때 짐이 많아도 팁을 준다.

숙박

스위스는 관광산업이 발전한 만큼 숙박시설도 잘 정비되어 있다. 호텔과 펜션, 산장, 임대별장 등을 합치면 그 수가 헤아릴 수 없을 정도로 많고 시골 마을의 숙박시설이라도 청결하고 쾌적하다. 저렴한 가격으로 이용할 수 있는 유스호스텔과 캠핑장도 잘 갖추어져 있어서 배낭여행객들에게 인기가 많고 농촌의 민박도 저렴한 방을 제공하고 있다.

  스위스의 관광산업은 산악여행과 레포츠를 중심으로 발전해왔다. 하이킹을 즐기려면 운동화보다는 차라리 등산화가 더 좋다. 또 여행지마다 고도차가 크기 때문에 하절기에도 따뜻한 옷들은 반드시 준비하자. 물론 직사광선으로부터 피부를 보호하기 위한 선글라스와 UV크림도 필수다. 한국에서 미처 준비하지 못했다면 현지에서 구입해도 된다. 가격도 유명 관광지답지 않게 비싸지 않은 편이라서 부담이 없다.

대중교통

◎철도
  총 길이 5,000km의 스위스 철도망은 전국 구석구석까지 잘 연결되어 있고 쾌적한 시설을 갖추고 있어 스위스를 찾은 여행객들이 가장 많이 이용하는 교통수단이다. 스위스 철도에는 국영 노선과 민영 노선이 있는데 일반적으로 민영 노선에서는 유레일 패스(Eurailpass)를 사용할 수 없다는 점에 주의하자. 또 스위스는 교통비가 비싼 편이므로 여행 시에 할인 패스를 이용하는 것이 좋다.

◎버스
  기차가 다닐 수 없는 험한 계곡이나 산간벽지에는 노란 포스트 버스(PTT)가 다닌다. 철도역 앞이나 우체국 앞에 정류장이 있어서 이용하기에 편리하다.

◎할인 패스

스위스 트래블 시스템(Swiss Travel System)은 바로 할인 패스를 제공하는 시스템이다. 스위스 트래블 시스템은 광범위한 여행을 하는 사람을 위한 스위스 패스(Swiss Pass)와 한 달 내에 3~8일 동안의 무료 무제한 여행을 제공하는 스위스 플렉시 패스(Swiss Flexi Pass), 그 밖에 스위스 카드(Swiss Card), 스위스 환승 티켓(Swiss Transfer Ticket) 등을 제공한다. 이 패스들은 스위스에서도 구입이 가능하지만 한정된 역에서만 판매하므로 한국에서 구입하는 것이 좋다. 스위스에서만 구입할 수 있는 패스는 스위스 하프–페어 카드(Swiss Half-Fare Card, 반액 할인 카드: 대부분의 철도, 유람선, 버스에서 반액으로 할인받을 수 있는 카드)와 지역 패스 등이 있다.

여권 발급 요령

출국을 하려면 누구나 여권을 발급받아야 한다. 여권에는 1년의 유효기간 동안 1회의 해외여행이 가능한 단수여권과 10년의 유효기간 동안 횟수에 제한 없이 해외여행을 할 수 있는 복수여권이 있다. 특별한 사유가 없는 여행자는 해외여행을 할 때마다 여권을 발급받을 필요 없이 복수여권을 발급받는 것이 경제적이다.

2005년 9월 30일 이전에 발행된 구여권은 유효기간 동안 사용이 가능하다. 신여권 제도로 바뀌면서 기존의 유효기간 연장 제도가 폐지되었으므로 연장 가능한 구여권에 대해 신여권 발급 신청서를 작성하면 5년 유효기간의 신여권을 발급받을 수 있다.

여권 발급 구비서류

- 여권 발급 신청서
- 최근 3개월 이내에 찍은 여권사진(3.5cm X 4.5cm)
- 주민등록등본 1부
- 주민등록증 또는 운전면허증
- 대리신청의 경우 본인의 위임장과 주민등록증 및 그 사본과 대리인의 주민등록증이 필요하다.
- 만 18세 미만의 경우 부모의 여권발급동의서 및 동의인의 인감증명서가 필요하다.

여권 발급비용

- 복수여권 – 55,000원
- 단수여권 – 20,000원
- 구여권 ⇨ 신여권(5년) – 15,000원

여권 발급기관

- 서울 : 종로구청, 노원구청, 서초구청, 영등포구청, 동대문구청, 강남구청, 송파구청
- 지방 : 각 시청과 도청의 여권과

그 밖의 필수 아이템

여행자보험

　여행자보험이란 여행을 끝마치고 귀국할 때까지 생긴 사고에 대한 보상을 해주는 일회성 보험이다. 보험 신청은 보험회사 화재부와 여행사를 통해 할 수 있으며, 공항의 여행보험 판매계에서 출국 직전에도 쉽게 할 수 있다. 보상금에 따라 보험금의 차이가 있지만 보통 2만 원 가량의 보험금이 지출된다.

국제 운전면허증

　해외여행을 위한 여권 소지자는 약간의 수수료와 간단한 절차를 통해 국제 운전면허증을 국내에서 발급받을 수 있으며, 해외에서 사용할 수 있다.

- 발급장소 : 거주지 관할 운전면허 시험장
- 구비서류 : 운전면허증, 여권, 여권사진 2매
- 유효기간 : 1년

국제학생증

　만약 학생인 경우에는 국제학생증 (International Student Identity Card)을 발급받아 떠나는 것이 좋다. 국제학생증을 제시하면 박물관, 미술관, 극장, 레스토랑 등에서 여러 가지 할인혜택을 받을 수 있다. 한국에서 국제학생증을 발급받지 못했다면 현지에서 발급받을 수 있다. 국제학생증은 대부분의 국가에서 취급하기 때문에 발급받는 장소만 알고 있다면 오히려 우리나라보다 간편하게 즉석에서 받을 수도 있다.

- 발급장소 : ISEC 국제학생증 한국 본사나 서울 종각역 근처 대부분 여행사에서 발급가능
- 구비서류 : 재학증명서, 신분증, 여권사진 1매
- 발급비용 : 14,000원
- 소요시간 : 접수 후 2일 이내 발송

신용카드

　해외여행을 갈 때에는 사용할 일이 없더라도 만약을 대비해 신용카드를 가져가는 것이 좋다. 신용카드는 휴대가 간편하고 분실했을 경우 즉시 신고하면 보상받을 수 있다는 장점 뿐만 아니라 카드 종류에 따라 마일리지나 포인트 적립을 받아서 상품이나 현금으로 사용하는 등 여러 가지 혜택을 받을 수 있기 때문이다.

여행자수표 (T/C)

　여행자수표는 현금 대신 사용할 수 있고 한도가 있으므로 사용 예산을 조절할 수 있다. 현지 은행에서 현금으로 교환 가능하며 환율이 현금보다 유리하다는 장점이 있다. 또한 분실/도난 시 재발급을 받을 수 있어 안정성을 보장받을 수 있다. 하지만 모든 곳에서 사용할 수 있는 것은 아니며 발행회사의 환전소가 아닐 경우 수수료를 물게 된다는 단점도 있다. 발행회사는 AMEX와 VISA 두 곳이 있고 국민은행이나 외환은행에서 발급받을 수 있다. 여행자수표는 발급 즉시 서명하고 사용할 때 다시 서명해야 하며, 서명란 두 곳이 모두 서명되어 있으면 사용할 수 없다.

주요기관 영업시간 및 휴무일

은행

- 월요일–금요일 : 08:00–16:30 (단, 목요일은 18:00까지)
- 토. 일요일, 공휴일은 휴무임.

우체국(Die Post)

- 월요일–금요일 : 07:30–12:00 14:00–18:30
- 토요일 : 07:30–11:00
- 일요일은 휴무

※베른 중앙우체국(Schanzenpost)은 17:00–21:00까지 우편업무 취급

박물관

대개 09:00–17:00이며 월요일은 휴관하는 곳이 많음.

공휴일

- 1월 1일 (New Year's Day)
- 1월 2일 (Berchtoldstag)
- 부활절 전의 금요일 (Good Friday)
- 부활절 뒤의 월요일 (Easter Monday)
- 그리스도 승천일 (Ascension Day)
- 성령강림축일 뒤의 월요일 (Whit Monday)
- 8월 1일 (공휴일, Swiss National Day)
- 12월 24일 (반 공휴일, Christmas Eve)
- 12월 25일 (Christmas)
- 12월 26일 (Saint Stephan Day)
- 12월 31일 (반 공휴일, Saint Sylvester Day)

주 스위스 한국 대사관

- 전화 : 41(국가코드)–(0)31–356–2444
- 팩스 : 41(국가코드)–(0)31–356–2450
- 이메일 : swiss@mofat.go.kr
- 홈페이지 : http://www.mofat.go.kr/switzerland

여행 시 주의사항

●고산지대 관광 주의

융프라우와 같이 높은 산을 등반할 때는 고산지대의 기압차 및 기후변화가 심하기 때문에(여름에도 영하의 날씨) 건강상태가 좋지 않은 사람들은 주의해야 한다. 특히, 등산 시 알프스 산은 바위가 축축하고 이끼가 많이 끼어있어 생각보다 매우 미끄러우므로 주의를 요하고, 외부에서는 보이지 않는 크고 깊은 동굴이 곳곳에 있어서 등산코스로부터 이탈하는 등의 개인행동은 대단히 위험하다

●호수, 강에서 수영금지

스위스 하천은 빙하가 녹은 물이라서 생각보다 차고 물이 흐르는 속도가 빠르다. 그러므로 현지사정에 익숙하지 않은 여행객에게 수영은 특히 위험하다.

●자동차 여행 시

스위스 내 차량 운전은 한국국제운전면허증으로 가능하나, 현지인들은 운전 시 우직하게 교통법규를 준수하는 경향이 있다. 신호 및 주정차 위반 등에 따른 사고 제공자가 되지 않도록 교통법규를 철저히 준수하자.

●기타

일반물품 구입 및 각종 요금은 유로화도 통용되지만 스위스 프랑을 사용하는 것이 편리하다. 단, 미국 달러는 통용되지 않으므로 사전에 환전하도록 하자. 관광지에서의 판매 물품은 비교적 품질이 양호하고 정상가격으로 판매되고 있으나 잔돈 계산 시 가끔 속이는 경우가 있으므로 주의하자. 또 여행자가 물품을 판매하는 등의 행위는 절대 금지되어 있으니 이 사실에도 주의하여 즐거운 여행을 즐기자.

출입국 관련사항

• 관광목적으로 스위스 입국 시에는 사증이 필요 없으며 3개월 동안 체류가 가능하다.

• 유학, 취업 목적 등으로 스위스에 입국하고자 할 때는 입국목적에 맞는 사증을 주한 스위스 대사관에서 사전 발급받은 후 입국해야한다.

• 자동차 또는 열차를 통하여 인근 EU국으로부터 입국 시 스위스는 EU회원국이 아니므로 국경입국심사를 받아야 한다. 여권을 분실했을 경우에는 반드시 입국 전 여행증명서를 인근 대한민국대사관 또는 영사관에서 발급받은 후 입국해야 한다. 최근 국경을 통한 마약밀매, 조직범죄 증가 등으로 스위스는 국경입국심사 및 소지품검색을 강화하고 있다. 특히 분말건강식품 등을 소지하고 있을 경우에는 마약류로 오해받을 수 있으니 주의하자.

[출처] naver 외교통상부

여행자수표 Q & A

Q : 여행자수표는 어디에 쓰면 좋나요?

A : **해외 여행 :** 많은 관광지에는 소매치기가 횡행합니다. 여행자수표는 현금을 대신하는 것으로 지갑에 계속 신경 쓰지 않고 여행을 즐길 수 있습니다. 또한 여행자수표를 사용하면 여행 경비를 조절할 수 있습니다. 신용카드와 달리 있는 만큼 쓰는 것이기 때문에 예산 범위 내에서 사용 가능합니다.

해외 출장 : 해외 전시회에 참가하거나 제품을 구입할 때, 대부분 현지에서 즉시 지불해야 하는 경우가 많습니다. 계약금을 내거나, 샘플 구입비를 결제할 때, 혹은 예상치 못한 지출이 발생하거나, 카드를 받지 않는 경우에도 여행자수표는 적절하게 사용 가능합니다. 또 현지 은행에서 현금으로 교환할 수 있기 때문에 현금을 가지고 출국하는 것보다 안전합니다.

해외 유학 : 여행자수표는 학비, 생활비를 지불하는 수단으로도 사용 가능합니다. 단기 연수의 경우 체류기간이 비교적 짧아 일반적으로 해외에서 통장개설을 하지 않습니다. 그러므로 여행자수표로 학비, 생활비 등을 지불하는 것은 안전하면서도 신용카드의 한도 제한에 구애받지 않는 가장 편리한 선택입니다. 유학의 경우, 준비해야 할 비용이 더욱 큽니다. 현지에서 통장을 개설하기 전에 사용할 돈을 안전하게 준비하는 방법으로 여행자수표가 유용하게 사용됩니다.

이외에도 여행자수표를 구입할 때는 환율이 일반적으로 현금보다 유리합니다. 환율이 낮아 출국 이전부터 약간의 비용을 절약할 수 있고, 또한 안전하다는 장점이 있습니다.

Q : 어디에서 아멕스 여행자 수표를 살 수 있나요?

A : **은행과 온라인에서 여행자수표 구입이 가능합니다.**

▶ 은행 : 지점을 포함한 전국 각 은행에서 구입 가능. 단, 외한은행에서는 호주 달러와 영국 파운드, 일본 엔화, 캐나다 달러만 구입 가능.

▶ 인터넷 예약 : 우리은행과 신한은행 웹싸이트에서 온라인으로 구매할 수 있음.

자세한 내용은 http://www.americanexpress.com/korea 참고.

Q : 여행자수표를 구입하려면 어떤 절차가 필요하나요?

A : 여행자수표 구입은 현금 환전과 마찬가지로 간단합니다. 신분증과 현금만 있으면 구입 가능합니다.

Q : 여행자수표를 분실하면 현지에서 재발급 가능한가요?

A : 아멕스 여행자수표는 전 세계 84,000여 은행과 환전소 등의 파트너와 함께 일하고 있으며, 동시에 2,200개의 여행 서비스센터를 두고 있습니다. 여행자수표 분실 시 일반적으로 모두 현지에서 재발급이 가능하며, 수수료는 없습니다. 다음 여행지에서 재발급 신청하셔도 됩니다.

Q : 왜 여행자수표를 사용하는 것이 경제적이고 혜택이 많다고 하나요?

A : 여행자수표를 구입할 경우 외화를 현금으로 구입하는 것보다 일반적으로 쌉니다. 외국에서 현지화폐로 교환하려고 할 때, 수수료를 면제해 주는 환전소도 많기 때문에 어떤 때에는 더 많은 현지화폐를 손에 쥘 수 있습니다. 수수료 등에서 돈을 아낄 수 있을뿐더러 수지타산이 잘 맞는 방법입니다.

Q : 해외 유학을 할 때, 학비와 생활비를 가지고 나가려고 합니다. 어떤 방식을 선택해야 좋을까요?

A : 여러 방법을 병행해서 사용하는 것이 좋습니다. 위험이 적으면서도 편리하게 사용할 수 있어야 합니다. 예를 들어 캐나다에 1년 정도 간다고 하면 학비는 1만 캐나다 달러, 생활비는 8천 달러 정도 소요됩니다. 학비를 현지에서 지불한다면 여행자수표를 이용하는 것이 가장 좋습니다. 생활비의 70% 정도는 여행자수표, 20% 정도는 신용카드, 10%는 현금으로 사용하는 것이 좋습니다.

여행자수표의 사용방법

1. 구입 후 즉시 서명 : 구입 후 즉시 수표 왼쪽 상단에 사인합니다. 어느 언어도 무방합니다.

2. 사용 시 재서명 : 사용할 때에 수취인의 앞에서 왼쪽 하단에 상단과 일치하는 사인을 하면 됩니다.

3. 따로 보관 : 구매계약서와 여행자수표는 따로 보관하세요. 만약 여행자수표를 분실, 훼손한 경우 구매계약서를 가지고 각지의 분실배상서비스센터에 가서 분실처리를 하도록 합니다.

Jaunpass   30 Min.
Bäderberg
1644 m
Uf Pfad   40
Chlus   1 Std. 50
(Rundweg)
Boltigen   3
Bäderhorn   1h 2
Zitboden   3
Chlus   1h 5
Rundweg
Alphüttenzauber
Gr. Bäderberg
Käse, Getränke, Käseteller,
Meringues mit Rahm, usw.

여행 회화

Travel Conversation

출국과 입국

■ 기내에서

이 좌석이 어디 있는지 알려주시겠어요?
Could you help me to find my seat, please?
쿠 쥬 헬프 미 투 파인드 마이 씻, 플리즈?

탑승권을 보여 주시겠습니까?
May I see your boarding pass?
메아이 씨 유어 보딩 패스?

저와 자리를 바꿔주시겠어요?
Do you mind changing your seat with me?
두 유 마인드 체인징 유어 씻 위드 미?

음료는 무엇으로 하시겠습니까?
What would you like to drink?
왓 우 쥬 라익 투 드링크?

콜라 한 캔 주세요.
Coke, please.
코크 플리즈.

한국 잡지나 신문 있어요?
Do you have Korean magazines or news-papers?
두 유 해브 코리안 매거진스 오어 뉴스페이펄스?

뭐 마실 것 좀 주시겠어요?
Can I have something to drink?
캔 아이 해브 썸띵 투 드링크?

펜 좀 빌릴 수 있을까요?
Can I borrow a pen?
캔 아이 바뤄우 어 펜?

실례합니다만 저의 자리에 앉아계신 것 같은데요.
Excuse me. I think you're sitting in my seat.
익스큐즈 미. 아이 띵크 유아 씨링 인 마이 씻.

얼마나 더 가야합니까?
How many more hours to go?
하우 매니 모어 아월스 투 고?

■입국심사

스위스 방문이 처음이십니까?
Is it your first visit to Switzerland?
이즈 잇 유어 퍼스트 비짓 투 스위스?

방문 목적이 무엇입니까?
What's the purpose of your visit?
왓츠 더 퍼포즈 오브 유어 비짓?

관광입니다.
For sightseeing.
포 싸이트씨잉.

돈을 얼마나 소지하고 계십니까?
How much money do you have?
하우 머취 머니 두 유 해브?

약 500유로를 가지고 있습니다.
I have about € 500.
아이 해브 어바웃 화이브 헌드뤠드 유로.

여권과 입국신고서를 볼 수 있을까요?
Can I see your passport and landing
card, please?
캔 아이 씨 유어 패스포트 앤 랜딩 카드, 플리즈?

여기 있습니다.
Here they are.
히어 데이 아.

이 곳에 친척이 있습니까?
Do you have any relatives here?
두 유 해브 애니 렐러티브스 히어?

네. 삼촌이 베른에 살고 있습니다.
Yes. My uncle is living in Bern.
예스, 마이 엉글 이스 리빙 인 베른.

아니오. 없습니다.
No, I don't have any.
노, 아이 돈 해브 애니.

스위스에 얼마 동안 머물 예정입니까?
How long are you going to stay in Switzer-
land?
하우 롱 아 유 고잉 투 스테이 인 스위스?

2주간 머물 예정입니다.
I'm going to stay for two weeks.
아임 고잉 투 스테이 포 투 윅스.

어디에서 머물 예정이십니까?
Where are you going to stay?
웨얼 아 유 고잉 투 스테이?

힐튼 호텔입니다.
At the Hilton Hotel.
앳 더 힐튼호텔.

■ 세관통과

신고할 물건이 있습니까?
Do you have anything to declare?
두 유 해브 애니띵 투 디클레어?

신고할 게 없습니다.
I have nothing to declare.
아이 해브 낫띵 투 디클레어.

가방에 뭐가 들어있는지 볼 수 있나요?
Can I see what's in your bag, please?
캔 아이 씨 왓츠 인 유어 백, 플리즈?

담배 한 보루가 있는데 제가 피우려고 샀습니다.
I've got a pack of cigarette. That's for my personal use.
아이브 갓 어 팩 오브 시가렛. 댓츠 포 마이 퍼스널 유스.

이 물건의 가격이 대략 얼마나 됩니까?
What's the approximate value of it?
왓츠 디 어프록시밋 밸류 오브 잇?

250유로를 주고 샀습니다.
I paid € 250 for it.
아이 패이드 투헌드뤠드 앤 휘프티 유로 포 잇.

개인적 용도로 가져왔습니다.
I brought it for my personal use.
아이 브로웃 잇 포 마이 퍼스널 유스.

관세 20유로를 내야 합니다.
You have to charge you a € 20 duty for that.
유 해브 투 차쥐 어 트웨니 유로 듀리 포 댓.

과일이나 야채 혹은 동물 등이 있습니까?
Do you have any fruit or vegetables or animals?
두 유 해브 애니 프룻 오어 베쥐터블스 오어 애니멀스?

그것을 가지고 입국하는 것은 금지되어 있습니다.
You are not allowed to bring them in.
유 아 낫 얼라우드 투 브링 뎀 인.

■공항에서

이걸 유로로 환전할 수 있을까요?
Could you exchange this for euro, please?
쿠 쥬 익스체인쥐 디스 포 유로, 플리즈?

이 신고서를 어떻게 작성하는지 알려 주시겠어요?
Would you show me how to fill out this form, please?
우 쥬 쇼우 미 하우 투 필 아웃 디스 폼, 플리즈?

출구가 어느 쪽이죠?
Where's the exit?
웨어즈 디 에그짓?

관광안내소가 어디 있는지 아세요?
Do you know where the tourist information center is?
두 유 노 웨어 더 투어뤼스트 인포메이션 센터 이스?

환율이 어떻게 됩니까?
What's the exchang rate?
왓츠 디 익스체인쥐 뤠잇?

값싼 호텔 하나 추천해주시겠어요?
Could you recommend a cheap hotel?
쿠 쥬 레코멘드 어 칩 호텔?

예약 좀 해 주시겠어요?
Could you make a reservation for me, please?
쿠 쥬 메이크 어 레져베이션 포 미, 플리즈?

공항 셔틀버스를 어디에서 탈수 있나요?
Where can I take an airport shuttle bus?
웨어 캔 아이 테이크 언 에어포트 셔틀 버스?

시내지도 한 장 주시겠어요?
May I have a city map, please?
메아이 해브 어 씨리 맵, 플리즈?

관광안내책자 한 권 주세요.
Please, give me a tourist brochure.
플리즈, 깁 미 어 투어뤼스트 브로슈어.

약도를 좀 그려 주시겠어요?
Could you draw me a map, please?
쿠 쥬 드뤄우 미 어 맵, 플리즈?

버스 시간표 한 장 주세요.
Please, let me have a bus timetable.
플리즈, 렛 미 해브 어 버스 타임테이블.

지하철 노선도 있나요?
Do you have a subway route map?
두 유 해브 어 썹웨이 루트 맵?

교통수단의 이용

■Bus 이용

버스정류장이 어디죠?
Where's the bus stop?
웨어즈 더 버스 스탑?

길 건너에 있습니다.
It's on the opposite side of the road.
잇츠 온 디 오퍼짓 사이드 오브 더 로드.

요금이 얼마죠?
How much is the fare?
하우 머취 이스 더 풰어?

어른 한 명에 3유로입니다.
It's € 3 for an adult.
잇츠 쓰리 유로 포 언 어덜트.

버스시간표를 어디서 구할 수 있나요?
Where can I get a bus timetable?
웨어 캔 아이 겟 어 버스 타임테이블?

1500번 버스를 어디서 타야합니까?
Where can I catch the number 1500 bus?
웨어 캔 아이 캣취 더 넘버 휘프틴헌드뤠드 버스?

어디서 내려야하나요?
Where should I get off?
웨어 슈드 아이 겟 오프?

갈아타야 하나요?
Do I have to transfer?
두 아이 해브 투 트렌스훠?

버스를 잘못 탄 것 같아요.
I think I took the wrong bus.
아 띵크 아 툭 더 롱 버스.

다음 버스는 몇 시죠?.
When's the next bus?
웬즈 더 넥스트 버스?.

어느 버스가 기차역을 지나가나요?
Do you know which bus goes by the train station?
두 유 노 위치 버스 고즈 바이 더 트뤠인 스테이션?

박물관 앞에서 내려주세요.
Drop me off in front of the Museum, please.
드롭 미 오프 인 프론트 오브 더 뮤지엄, 플리즈.

박물관까지 몇 정거장 남았나요?
How many stops do I have left to the Museum?
하우 매니 스탑스 두 아이 해브 레프트 투 더 뮤지엄?

여섯 정거장 남았어요.
Six more stops to go.
씩스 모어 스탑스 투 고.

곰 공원에 가려면 어떤 버스를 타야하나요?
Which bus should I take to get to Barengraben?
위치 버스 슈드 아이 테익 투 겟 투 바렌그라벤?

45번 버스를 타세요.
Take the number 45 bus.
테익 더 넘버 포리 화이브 버스.

">

■Taxi 이용

택시 승강장이 어디입니까?
Where is a taxi stand?
웨어 이즈 어 택시 스탠드?

트렁크 좀 열어주시겠어요?
Could you open the trunk, please?
쿠 쥬 오픈 더 트렁크, 플리즈?

어디로 가십니까?
Where would you like to go?
웨어 우 쥬 라익 투 고?

이 주소로 데려다 주세요.
Take me to this address, please?
테익 미 투 디스 어드뤠스, 플리즈?

공항으로 급히 가야합니다.
I'm in a hurry to go to the airport.
아임 인 어 허뤼 투 고 투 디 에어포트.

기본요금이 얼마죠?
What's the basic rate?
왓츠 더 베이직 뤠잇?

공항까지 얼마나 걸릴까요?
How long does it take to go to the air-
port?
하우 롱 더즈 잇 테익 투 고 투 디 에어포트?

가장 빠른 길로 가주세요.
Please, take the shortest way.
플리즈, 테이크 더 쑈리스트 웨이.

여기서 내려주세요.
Stop here, please.
스탑 히어, 플리즈.

직진해서 세 블록만 가주세요.
Just go straight three blocks, please.
저스트 고 스트뤠잇 쓰뤼 블락스, 플리즈.

잔돈은 그냥 가지세요.
Keep the change.
킵 더 체인쥐.

잔돈이 없습니다.
I have no change.
아이 해브 노 체인쥐.

■렌트카 이용

차 한 대 렌트하고 싶습니다.
I'd like to rent a car, please.
아이드 라익 투 렌트 어 카, 플리즈.

어떤 차를 원하십니까?
What kind of car would you like?
왓 카인드 오브 카 우 쥬 라익?

179

자동차 목록을 보여주시겠어요?
Can I see your car list?
캔 아이 씨 유어 카 리스트?

세단 오토매틱으로 부탁합니다.
A sedan with an automatic Transmission,
please.
어 세단 위드 언 오토메틱 트렌스미션, 플리즈.

수동 기어로 부탁합니다.
I'd like a car with a standard transmis-
sion, please.
아이드 라익 어 카 위드 어 스텐다드 트렌스미션,
플리즈.

보험이 포함되었나요?
Does it include insurance?
더즈 잇 인클르드 인슈어런스?

종합보험으로 해주세요.
Full insurance, please.
풀 인슈어런스, 플리즈.

하루에 얼마입니까?
How much is the rate per day?
하우 머취 이즈 더 레잇 퍼 데이?

얼마동안 쓰실 거죠?
How long will you need it?
하우 롱 윌 유 니드 잇?

15일간 렌트하려고요.
I'll rent it for 15 days.
아일 렌트 잇 포 휘프틴 데이즈.

다음 달 말까지 필요해요.
I need it until the end of next month.
아이 니드 잇 언틸 디 엔드 오브 넥스트 먼쓰.

그것으로 하겠습니다.
Ok. I'll take it.
오케이 아일 테익 잇.

렌트 전에 차를 한 번 보고 싶습니다.
I'd like to see the car before I rent it.
아이드 라익 투 씨 더 카 비포 아이 렌트 잇.

■지하철 이용

이 역이 무슨 역이죠?
What stop are we at?
왓 스탑 아워 앳?

다음이 무슨 역이죠?
What stop is next?
왓 스탑 이스 넥스트?

가장 가까운 전철역이 어디인가요?
Where's the nearest subway station?
웨어즈 더 니어뤼스트 썹웨이 스테이션?

시내로 가려면 어떤 라인을 타야하나요?
Which line should I take to go down-
town?
위치 라인 슈드 아이 테익 투 고 다운타운?

막차가 몇 시죠?
What time is th last train?
왓 타임 이즈 더 래스트 트뤠인?

이 라인의 종착역이 어디입니까?
What station is the end of this line?
왓 스테이션 이즈 디 엔드 오브 디스 라인?

어느 역에서 내려야 하나요?
Which station should I get off at?
위치 스테이션 슈드 아이 겟 오프 앳?

다음 역에서 내리세요.
Get off at the next station.
겟 오프 앳 더 넥스트 스테이션.

그린 라인을 타려면 어디로 가야하나요?
Where should I go to take the Green Line?
웨어 슈드 아이 고 투 테익 더 그린 라인?

시청에 가려면 어디서 갈아타나요?
Where should I transfer to get to the City Hall?
웨어 슈드 아이 트랜스퍼 투 겟 투 더 씨리홀?

박물관으로 가려면 몇 번 출구로 나가야하나요?
Which exit should I take for the museum?
위치 에그짓 슈드 아이 테익 포 더 뮤지엄?

B-4번 출구로 나가세요.
Take the B-4 exit.
테익 더 비-포 에그짓.

■길 묻기

길을 잃었어요.
I'm lost.
아임 로스트.

이 길의 이름은 뭐죠?
What's the name of this street?
왓츠 더 네임 오브 디스 스트릿?

이 근처에 백화점이 있나요?
Is there a department store near by?
이스 데얼 어 디파트먼트 스토어 니얼 바이?

이미 지나왔어요.
You've come too far.
유브 컴 투 파.

오페라 하우스 가는 길 좀 가르쳐주시겠어요?
Could you tell me the way to the Opera House?
쿠 쥬 텔 미 더 웨이 투 더 오페라 하우스?

공중전화가 어디 있습니까?
Where can I find a public phone?
웨어 캔 아이 파인드 어 퍼블릭 폰?

다음 신호등에서 오른쪽으로 가세요.
Turn right at the next traffic light.
턴 롸잇 앳 더 넥스트 트뤠픽 라잇.

저도 이 근방의 지리를 잘 몰라요.
I just don't know the way around here.
아이 저스트 돈 노 더 웨이 어롸운 히어.

다음 모퉁이에서 우측으로 돌아가세요.
Turn left at the next corner.
턴 레프트 앳 더 넥스트 코너.

이 길을 따라가세요.
Just go along this street.
저스트 고 어롱 디스 스트릿.

소방서 건너편에 있어요.
It's across the street from the fire house.
잇츠 어크로스 더 스트릿 프롬 더 파이어 하우스.

경찰에게 물어보는게 좋겠네요.
You'd better ask the police officer.
유드 베러 애스크 더 폴리스 오피서.

이 지도에서 제가 있는 곳이 어디죠?
Where on this map am I?
웨어 온 디스 맵 앰 아이?

여기서 오페라 하우스까지 먼가요?
Is Opera House far from here?
이즈 오페라 하우스 파 프롬 히어?

여
행
회
화

호텔에서

■호텔 예약과 체크인

예약을 하고 싶은데요.
I'd like to make a reservation, please.
아이드 라익 투 메이크 어 레저베이션, 플리즈.

이틀간 묵을 2인실 하나를 예약하고 싶은데요.
I'd like to book a twin room for two nights.
아이드 라익 투 북 어 트윈 룸 포 투 나잇츠.

언제 도착하시나요?
When do you arrive?
웬 두 유 어롸이브?

1월 13일 오후에 도착할 겁니다.
I'll arrive there on the 13th of January in the afternoon.
아일 어롸이브 데어 온 더 썰틴스 오브 재뉴어뤼 인 디 앱터눈.

얼마 동안 묵을 예정이십니까?
How long will you stay?
하우 롱 윌 유 스테이?

3일간 묵을 예정입니다.
I'll stay for 3 nights.
아일 스테이 포 쓰뤼 나잇츠.

이준하라는 이름으로 예약을 했습니다.
I have a reservation under the name of Jun Ha Lee.
아이 해브 어 뤠저베이션 언더 더 네임 오브 준하 리.

예약 확인서를 보여주시겠습니까?
May I see your confirmation slip, please?
메아이 씨 유어 컨훠매이션 슬립, 플리즈?

성함을 말씀해 주시겠습니까?
May I have your name, please?
메아이 해브 유어 네임, 플리즈?

죄송합니다. 모두 예약이 끝났습니다.
I'm sorry, rooms are all booked up.
아임 쏘리. 룸스 아 올 북트 업.

숙박카드를 작성해주시겠습니까?
Could you fill out the registration form, please?
쿠 쥬 휠 아웃 더 뤠지스트뤠이션 폼, 플리즈?

어떻게 작성하는지 가르쳐주시겠습니까?
Could you tell me how to write it, please?
쿠 쥬 텔 미 하우 투 롸잇 잇, 플리즈?

여기에 성함과 국적, 그리고 여권번호를 적으시면 됩니다.
Just write your name and nationality, and also your passport number here.
저스트 롸잇 유어 네임 앤 내셔널리티, 앤 올소 유어 패스포트 넘버 히어.

어떤 방을 원하십니까?
What kind of room would you like?
왓 카인드 오브 룸 우 쥬 라이크?

전망이 좋은 2인실로 부탁합니다.
I'd like a double room with a nice view.
아이드 라이크 어 더블 룸 위드 어 나이스 뷰.

방을 먼저 볼 수 있을까요?
Can I see the room first?
캔 아이 씨 더 룸 훨스트?

체크인 해주세요.
I'd like to check in, please.
아이드 라익 투 체크인, 플리즈.

하룻밤 숙박료가 얼마죠?
How much for one night?
하우 머취 포 원 나잇?

더 싼 방 있나요?
Do you have anything cheaper?
두 유 해브 애니띵 췹퍼?

아침식사가 포함된 요금인가요?
Does this rate include breakfast?
더즈 디스 뤠잇 인클루드 브렉퍼스트?

■호텔 서비스

룸서비스를 어떻게 부르죠?
How can I call room service?
하우 캔 아이 콜 룸 서비스?

룸서비스가 몇 시에 끝나나요?
What time does room service stop serving?
왓 타임 더즈 룸 서비스 스탑 서빙?

서울로 국제전화를 걸고 싶습니다.
I'd like to make a call to Seoul, Korea.
아이드 라익 투 메이크 어 콜 투 서울 코리아.

6시에 모닝콜 좀 해주세요.
I'd like to get a wake-up call at 6:00.
아이드 라익 투 겟 어 웨이크-업 콜 앳 씩스.

귀중품을 여기에 맡길 수 있을까요?
Can I keep my valuables here?
캔 아이 킵 마이 밸류어블스 히어?

세탁 서비스가 가능한가요?
Do you have a laundry service?
두 유 해브 어 론드뤼 서비스?

팁입니다.
Here's your tip.
히얼스 유어 팁.

여기 한국어를 할 줄 아는 사람이 있나요?
Does someone here speak Korean?
더즈 섬원 히어 스픽 코리안?

짐을 방으로 옮겨줄 사람이 필요한데요.
I need someone to bring my baggage up.
아이 니드 섬원 투 브링 마이 배기쥐 업.

방에 금고가 있습니까?
Does the room have a safety box?
더즈 더 룸 해브 어 세이프티 박스?

인터넷을 어디서 이용할 수 있어요?
Where can I use the internet?
웨어 캔 아이 유스 디 인터넷?

식당 예약을 좀 해주시겠어요?
Could you make a reservation for a restaurant, please?
쿠 쥬 메이크 어 뤠저베이션 포 러 뤠스토런, 플리즈?

이 소포를 한국으로 보내주세요.
I'd like to send this parcel to Korea.
아이드 라익 투 센드 디스 파슬 투 코리아.

공항 셔틀버스가 얼마나 자주 오나요?
How often does the airport shuttle bus come?
하우 오픈 더즈 디 에어포트 셔를 버스 컴?

■체크아웃

5시까지 짐을 맡길 수 있을까요?
Could you keep my baggage until five o'clock?
쿠 쥬 킵 마이 배기쥐 언틸 화이브 어클락?

몇 시에 체크아웃을 해야 하나요?
When's the check out time?
웬즈 더 체크아웃 타임?

하루 더 묵고 싶은데요.
I'd like to stay one more night.
아이드 라익 투 스데이 원 모어 나잇.

하루 일찍 나가고 싶은데요.
I'd like to leave one day earlier.
아이드 라익 투 리브 원 데이 얼리어.

체크아웃 부탁합니다.
Check out, please.
체크아웃, 플리즈.

11시 30분에 체크아웃 하겠습니다.
I'm going to check out at 11:30.
아임 고잉 투 체크아웃 앳 일레븐 써리.

방에 뭘 두고 왔어요.
I left something in my room.
아이 레프트 썸띵 인 마이 룸.

로비로 짐 옮기는 걸 도와주시겠어요?
Could you help me to take my baggage down to the lobby, please?
쿠 쥬 헬프 미 투 테이크 마이 배기쥐 다운 투 더 로비, 플리즈?

택시를 불러주시겠어요?
Could you call a taxi for me?
쿠 쥬 콜 어 택시 포 미?

합계요금이 얼마죠?
How much is the total charge?
하우 머취 이즈 더 토럴 차아쥐?

계산서 주세요.
Bill, Please.
빌, 플리즈.

카드로 계산해도 되나요?
Can I pay by credit card?
캔 아이 패이 바이 크뤠딧 카드?

요금이 생각보다 높은 것 같아요.
This seems a little high.
디스 씸스 어 리를 하이.

계산에 실수가 있는 것 같은데요.
I think there is a mistake in this bill.
아이 띵크 데얼 이스 어 미스테이크 인 디스 빌.

제 비자카드로 해주세요.
Put it on my VISA, please.
풋 잇 온 마이 비자, 플리즈.

여행자수표도 취급하나요?
Do you accept traveler's checks?
두 유 억셉트 트뤠블러스 첵스?

맡긴 귀중품을 찾고 싶은데요.
I'd like my valuables back.
아이드 라이크 마이 밸류어블스 백.

짐이 4개 있어요.
I have four pieces of baggage.
아이 해브 포 피시스 오브 배기쥐.

식당 · 쇼핑

■ 주문하기

메뉴 좀 주세요.
Menu, please.
메뉴, 플리즈.

주문하시겠습니까?
May I take your order, please?
메아이 테익 유어 오더, 플리즈?

음료를 먼저 주문하겠습니다.
We'd like to order drinks first.
위드 라익 투 오더 드링크스 퍼스트.

조금만 더 기다려주시겠어요?
Would you give me a few more minutes?
우 쥬 깁 미 어 퓨 모어 미닛츠?

이 식당에서 잘하는 요리가 뭐죠?
What's the specialty of the house?
왓츠 더 스페셜티 오브 더 하우스?

오늘의 특별요리가 뭐죠?
What's today's special?
왓츠 투데이스 스페셜?

이것과 이걸로 하겠습니다.
I'll have this and this, please.
아일 해브 디스 앤 디스, 플리즈.

저것과 같은 걸로 주세요.
I'd like to have the same dish as that.
아이드 라익 투 해브 더 쌔임 디쉬 애즈 댓.

더 필요한 거 있으십니까?
Anything else?
애니띵 엘스?

디저트는 무엇으로 하시겠습니까?
What would you like to have for dessert?
왓 우 쥬 라익 투 해브 포 디저트?

■ 쇼핑하기

여성복 매장은 몇 층에 있나요?
Which floor is women's wear on?
위치 플로어 이스 위민스 웨어 온?

이 근처에 면세점이 있나요?
Is there a duty-free shop around here?
이스 데얼 어 듀리-프리 샵 어라운드 히어?

전자제품을 어디서 살 수 있어요?
Where can I buy electronic goods.
웨어 캔 아이 바이 어 일렉트로닉 굿즈?

찾으시는 물건 있으세요?
May I help you?
메아이 헬프 유?

그냥 구경하고 있어요.
I'm just looking around.
아임 저스트 룩킹 어라운드.

저쪽에 저것 좀 보여주시겠어요?
Could you show me that one there, please?
쿠 쥬 쇼우 미 댓 원 데어, 플리즈?

여자 친구에게 선물할 목걸이를 찾고 있어요.
I'm looking for a necklace for my girl friend.
아임 룩킹 포 러 넥클레이스 포 마이 걸프렌드.

이거 6사이즈 있어요?
Have you got this in size 6?
해 뷰 갓 디스 인 사이즈 식스?

다른 것 좀 보여주시겠어요?
Could you show me another one, please?
쿠 쥬 쇼 미 어나더 원, 플리즈?

면세품인가요?
Is it tax-free?
이즈 잇 택스 프리?

이 향수 좀 보여주시겠어요?
Would you show me this perfume?
우 쥬 쇼 미 디스 퍼퓸?

입어 봐도 되나요?
Can I try this on?
캔 아이 트라이 디스 온?

탈의실이 어디죠?
Where is the fitting room?
웨어 이스 더 휘링 룸?

어떤 종류의 색상이 있나요?
What kind of colors do you have?
왓 카인드 오브 컬러스 두 유 해브?

긴급 상황

■분실 · 도난

분실물 취급소가 어디죠?
Where is the lost and found?
웨어 이스 더 로스트 앤 화운드?

여권을 잃어버렸어요.
I lost my passport.
아이 로스트 마이 패스포트.

제 카메라를 잃어버렸어요.
I lost my camera.
아이 로스트 마이 캐머라.

가방을 버스에 두고 내렸어요.
I left my bag on the bus.
아이 레프트 마이 백 온 더 버스.

어디서 잃어버렸는지 모르겠어요.
I don't know where I lost it.
아이 돈 노 웨얼 아이 로스트 잇.

만약 찾으시면 이 번호로 전화주세요.
Please, call me at this number if you find it.
플리즈, 콜 미 앳 디스 넘버 이프 유 파인드 잇.

도둑이야! 저놈 잡아라!
Thief! Get him!
띠프! 겟 힘!

누가 제 가방을 빼앗아갔어요.
Someone took my bag.
썸원 툭 마이 백.

제 시계를 도난당했어요.
I had my watch stolen.
아이 해드 마이 왓치 스톨른.

어젯밤 제 방에 도둑이 들었어요.
Someone broke into my room last night.
썸원 브로크 인투 마이 룸 라스트 나잇.

■교통사고

누가 경찰 좀 불러주세요!
Somebody call the police!
썸바리 콜 더 폴리스!

위급 상황이에요.
It's an emergency!
잇츠 언 이멀젼씨!

구급차를 불러주세요.
I need an ambulance.
아이 니드 언 엠뷸런스.

교통사고가 났어요.
There's been a car accident.
데얼스 빈 어 카 액시던트.

교통사고를 당했어요.
I was in a car accident.
아이 워스 인 어 카 액시던트.

여기 부상당한 사람이 있어요.
There's an injured person here.
데얼스 언 인쥬어드 펄슨 히어.

부상 상태가 어떤가요?
Tell me the healing of your injury?
텔 미 더 힐링 오브 유얼 인쥬리?

출혈이 심합니다.
He is bleeding badly.
히 이즈 블리딩 배들리.

의식이 없어요.
He is unconcious.
히 이즈 언컨셔스.

숨을 못 쉬겠어요.
I can't breathe.
아이 캔트 브레뜨.

■ 병원에서

보험에 가입되어 있나요?
Do you have insurance?
두 유 해브 인슈어런스?

여행자보험이 있어요.
I have traveler's insurance.
아이 해브 트뤠블러스 인슈어런스.

진찰을 받고 싶은데요.
I need to see a doctor.
아이 니드 투 씨 어 닥터.

여기 한국어를 하는 의사가 있나요?
Is there a Korean-speaking doctor here?
이즈 데얼 어 코리안–스피킹 닥터 히어?

어디가 이상하시죠?
What seems to be the problem?
왓 씸스 투 비 더 프라블럼?

증상이 어떻습니까?
What are your symptoms?
왓 아 유어 씸텀스?

그가 다리 위에서 떨어졌어요.
He fell down from the bridge.
히 펠 다운 프롬 더 브릿지.

그가 기절했어요.
He fainted.
히 페인티드.

제 친구가 자동차에 치였어요.
A car ran over my friend.
어 카 랜 오버 마이 프렌드.

제 친구에게 응급처치를 해주시겠어요?
Could you apply first aid to my friend, please?
쿠 쥬 어플라이 퍼스트 에이드 투 마이 프렌드, 플리즈?

몸이 아파요.
I feel sick.
아이 필 씩.

감기에 걸린 것 같아요.
I think I've got a cold.
아이 띵크 아이브 갓 어 콜드.

열이 있어요.
I have a fever.
아이 해브 어 피버.

두통이 있어요.
I have a headache.
아이 해브 어 헤드에익.

설사를 해요.
I've got the runs.
아이브 갓 더 런스.

기침이 멈추질 않아요.
I can't stop coughing.
아이 캔트 스탑 커휭.

계속 구토를 해요.
I keep throwing up.
아이 킵 쓰로윙 업.

여기가 아파요.
I feel pain here.
아이 필 페인 히어.

뭐가 잘못 된 거죠?
What's wrong with me?
왓츠 롱 위드 미?

식중독인 것 같네요.
Looks like you've got food poisoning.
룩스 라이크 유브 갓 푸드 포이져닝.

■약국에서

아스피린 있어요?
Can I have some aspirin?
캔 아이 해브 썸 애스퍼륀?

몸이 안 좋아요.
I don't feel well.
아이 돈 필 웰.

반창고 좀 주세요.
I need some band-aids, please.
아이 니드 썸 밴드-애이즈, 플리즈.

진통제 있어요?
Do you have painkillers?
두 유 해브 패인-킬러스?

안약 좀 주세요.
Can I have eye-drops, please.
캔 아이 해브 아이-드랍스, 플리즈.

소화불량에 어떤 약을 먹어야 하나요?
What should I get for indigestion?
왓 슈드 아이 겟 포 인디제션?

여기 처방전이 있어요.
Here's the prescription.
히얼스 더 프뤼스크립션.

이 처방전대로 조제해주세요.
Could I get this prescription filled?
쿠드 아이 겟 디스 프뤼스크립션 휠드?

처방전 없인 판매할 수 없습니다.
I can't sell this without a prescription.
아이 캔트 쎌 디스 위다웃 어 프뤼스크립션.

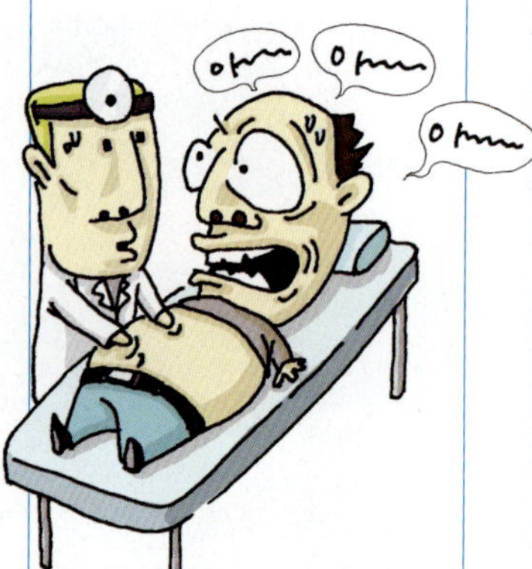

이 약을 어떻게 복용하죠?
How do I take this medicine?
하우 두 아이 테익 디스 메디씬?

얼마나 자주 복용해야 하나요?
How often do I take this pill?
하우 오픈 두 아이 테익 디스 필?

하루에 몇 알을 복용해야 하나요?
How many tablets should I take a day?
하우 매니 타블릿츠 슈드 아이 테이크 어 데이?

식사 전에 복용해야 하나요?
Should I take it before eating?
슈드 아이 테이크 잇 비포어 이링?

부작용은 없나요?
Are there any side effects?
아 데어 애니 사이드 이휔츠?

알레르기 있으세요?
Do you have any allergies?
두 유 해브 애니 알러지스?

이게 고통을 완화시켜줄 것입니다.
This will relieve your pain.
디스 윌 륄리브 유어 패인.

이걸 복용하면 통증이 나아질 것입니다.
If you take this pill, it will ease your pain.
이프 유 테이크 디스 필, 잇 윌 이즈 유얼 페인.

얼마 동안이나 안정을 취해야 하나요?
How long do I have to stay at home?
하우 롱 두 아이 해브 투 스테이 앳 홈?

여행을 잠시 멈춰야만 하나요?
Do I have to stop traveling for a while?
두 아이 해브 투 스탑 트뤠블링 포 러 와일?

지금은 한결 나아졌어요.
I feel much better now.
아이 필 머취 베러 나우.

초판 인쇄일 _ 2008년 8월 05일

초판 발행일 _ 2008년 8월 11일

발행인 _ 박정모

발행처 _ 도서출판 혜지원

주소 _ 서울시 동대문구 장안 1동 420-3호

전화 _ 영업부 02)2212-1227, 2213-1227

전화 _ 편집부 02)2249-7975

팩스 _ 02)2247-1227

홈페이지 _ http://www.hyejiwon.co.kr

지은이 _ MOOK 편집실

기획·진행 _ 강은혜, 유신향

교정·교열 _ 최현아

디자인, 본문편집 _ 지미숙

표지디자인 _ 김경미

영업마케팅 _ 김남권, 황대일, 고광수, 서지영

ISBN _ 978-89-8379-566-3

978-89-8379-539-7 (세트)

정가 _ 7,800원

잘못 만들어진 책은 구입한 서점에서 교환해 드립니다.

인 터 콜 G I F T 쿠 폰

무료통화이용권(콜렉트콜)

3,000원

• 외국에서 한국으로 전화시 착신번호마다 매월 1,000원씩
  무료로 통화하실 수 있습니다! (3개번호)

우리은행 환율우대

쿠폰 NO.US GA **135248**

50%

• 본 쿠폰은 다른 우대서비스와 중복하여 사용 할 수 없으며,
  우대율은 은행 사정에 따라 조정될 수 있습니다.
• 유효기간 : ~ 2008년 12월 31까지
• 우대 내용 후면 참조

※ 단, 미화기준으로 500달러 미만은 30% 할인

출국 준비물 위드공구 할인쿠폰

NO. W214619-1948

Discount Coupon **10~5%**

• 본 쿠폰은 1인 1회에 한하여 사용 가능합니다.
• 본 쿠폰은 다른 쿠폰과 중복하여 사용하실 수 없습니다.
• 일부 품목은 할인에서 제외될 수 있습니다. www.with09.net

공항고속/센트럴시티 리무진 버스 할인권

NO. 903921

Limousine Bus Discount Coupon

2,000 원 할인권(1회)

• 유효기간 : ~ 2008년 12월 31일까지   • 승차권 구입장소 및 이용방법 후면 참조
• 홈페이지 : www.samhwaexpress.com   www.centralcityseoul.co.kr

공항고속/센트럴시티 리무진 버스 할인권

NO. 903921

Limousine Bus Discount Coupon

2,000 원 할인권(1회)

• 유효기간 : ~ 2008년 12월 31일까지   • 승차권 구입장소 및 이용방법 후면 참조
• 홈페이지 : www.samhwaexpress.com   www.centralcityseoul.co.kr

현재 계신 곳의 국가접속번호 🔊 **카드번호 7890** `#` + 지역번호를 포함한 상대방 전화번호 + `#`

※ 공중전화에서는 발신음을 먼저 확인하고 사용하세요. (발신음이 들리지 않을 경우 카드 또는 동전을 넣어주세요.)
사용예) 미국에서 한국(02-123-4567)으로 전화할 경우 **1877-705-0469** 🔊 **카드번호 + # 🔊 교환원 연결**

국가	번호	국가	번호	국가	번호
호 주	1800-007-548	미국(괌)	1877-705-0469	중국(북방)	108-8824
뉴질랜드	080-044-8043	사 이 판	1800-831-0366	중국(남방)	10800-140-0688
캐 나 다	1877-705-0474	하 와 이	1877-705-0471	일본(유선)	0044-2213-2325
그 리 스	0080-012-6546	오스트리아	0800-291-285	말레이시아	1800-80-8401
영 국	0800-032-3503	스 페 인	900-931-993	인도네시아	001-803-011-3411
프 랑 스	0800-900-092	체 코	800-142-542	필 리 핀	105-821
독 일	0800-101-2976	스 위 스	0800-562-317	홍 콩	800-967-360
이탈리아	800-708-044	벨 기 에	080-077-463	베 트 남	1783-500
네덜란드	080-0022-5196	헝 가 리	068-001-7175	태 국	001-800-120-664-908
포르투갈	8008-12982				

※ 지역에 따라 공중전화에서 사용이 제한될 수 있습니다.　　※ 기타 국가 접속번호 및 이용문의 : 인터콜 고객만족팀(02-568-9500)

※ 요금은 **hanarotelecom** 에서 **수신자부담**으로 청구합니다.

우리은행 환율우대 쿠폰안내

- 본 쿠폰은 1인 1회에 한하여 사용가능합니다.(개인에 한함)
- 우리은행 전 영업점(인천국제공항지점 제외)에서 외화현찰, 여행자수표를 환전하거나
  해외송금시 우대환율을 적용하여 드립니다.(중국화폐CNY는 30% 우대)
  – 할인우대율 : 당일고시 매매기준율과 대고객매매율 차이의 환전수수료 50~30%를 우대
- 본 쿠폰은 다른 우대조치와 중복하여 사용하실 수 없으며, 우대율은 은행사정에따라 조정될 수 있습니다.

유학이주센터

세종로 유학이주센터 02)399-2742	목동 유학이주센터 02)2652-4030	테헤란로 유학이주센터 02)554-3071/3
연희동 유학이주센터 02)324-7001	종로 YMCA 유학이주센터 02)738-8472	연세 유학이주센터 02)313-3198
압구정동 유학이주센터 02)541-2947	대치역 유학이주센터 02)569-9031	대치남 유학이주센터 02)567-0483
분당중앙 유학이주센터 031)704-1541	일산중앙 유학이주센터 031)919-0501	서면 유학이주센터 051)804-2007
도곡스위트 유학이주센터 02)2058-1100	수영만 유학이주센터 051)747-9701	

※ 무료상담전화 : 080-365-5000

쿠폰사용방법

www.with09.net 접속	··· >	회원가입 후 가입경로 "동호회 추천"	··· >	우측 코드란에 쿠폰 NO.W214619-1948입력 가입완료되면 전품목 할인된 가격으로 표기됩니다.

✖ 대표상품

이민가방, 여행가방, 전통기념품, 트랜스, 전세계 플러그, 침낭, 압축팩, 전기장판,
전자사전 등 전세계 출국준비물 **국내 최저가 판매**

문의전화 : (02)374-6227 / 010-6313-1664

공항고속/센트럴시티 리무진 버스 할인권 안내

Limousine Bus Discount Coupon

★ 이용구간

- 인천국제공항 –〉 강남 센트럴시티 방면
- 인천국제공항 –〉 서울역, 용산역 방면

승차권 구입장소 : 입국장(1층) 4A, 10B 출입구 옆 승차권 판매소

성함		E-mail		내용을 기입하셔야 이용 가능합니다.

★ 승차권 구입시 우대권 제출해 주십시오.(1인 1매에 한하여 타 쿠폰과 중복사용 불가)
★ 문의전화 : 센트럴시티 02)6282-0652 서울역 / 용산역 02)775-7915

공항고속/센트럴시티 리무진 버스 할인권 안내

Limousine Bus Discount Coupon

★ 이용구간

- 센트럴시티 –〉 인천국제공항(센트럴시티내 호남선터미널 1층 리무진 매표소)
- 서울역 –〉 인천국제공항(서울역 광장 역전파출소 앞 리무진 매표소)
- 용산역 –〉 인천국제공항(용산역 지상3층 달 주차장 리무진 매표소)

성함		E-mail		내용을 기입하셔야 이용 가능합니다.

★ 승차권 구입시 우대권 제출해 주십시오.(1인 1매에 한하여 타 쿠폰과 중복사용 불가)
★ 문의전화 : 센트럴시티 02)6282-0652 서울역 / 용산역 02)775-7915